安藤忠雄　与光影同在

［美国］　菲利普·朱迪狄欧　著

唐莹莹　向修传　诺敏　译

周博　校订

江苏凤凰科学技术出版社 · 南京

Originally published in English under the title *Tadao Ando: Living with Light* by Philip Jodidio and Tadao Ando in 2021. Chinese (simplified character) edition published by agreement with Rizzoli International Publications, New York through the Gending Rights Agency (http://gending.online/).

江苏省版权局著作权合同登记 图字：10-2023-204

图书在版编目（CIP）数据

安藤忠雄　与光影同在 ／（美）菲利普·朱迪狄欧著；
唐莹莹，向修传，诺敏译 . —— 南京：江苏凤凰科学技术
出版社，2023.8
　　ISBN 978-7-5713-3656-1

Ⅰ . ①安… Ⅱ . ①菲… ②唐… ③向… ④诺… Ⅲ .
①建筑设计－作品集－日本－现代 Ⅳ . ① TU206

中国国家版本馆 CIP 数据核字 (2023) 第 126624 号

安藤忠雄　与光影同在

著　　　者	［美国］菲利普·朱迪狄欧
译　　　者	唐莹莹　向修传　诺　敏
校　　　订	周　博
项 目 策 划	凤凰空间／陈　景
责 任 编 辑	赵　研　刘屹立
特 约 编 辑	刘禹晨

出 版 发 行	江苏凤凰科学技术出版社
出版社地址	南京市湖南路 1 号 A 楼，邮编：210009
出版社网址	http://www.pspress.cn
总 经 销	天津凤凰空间文化传媒有限公司
总经销网址	http://www.ifengspace.cn
印　　　刷	天津图文方嘉印刷有限公司

开　　　本	787 mm×1 092 mm　1 ／ 12
印　　　张	23
插　　　页	4
字　　　数	138 000
版　　　次	2023 年 8 月第 1 版
印　　　次	2023 年 8 月第 1 次印刷

标 准 书 号	ISBN 978-7-5713-3656-1
定　　　价	298.00 元（精）

图书如有印装质量问题，可随时向销售部调换（电话：022-87893668）。

序

与自然共生：
因地制宜的住宅设计理念

安藤忠雄

20世纪90年代中期，我设计了一个名为"曼哈顿顶层公寓Ⅰ"的住宅，由长长的玻璃"棱镜"与传统的学院派风格（Beaux-Arts-style）建筑结构组构而成，该方案象征着"过去"和"现在"的动态碰撞。虽然这个项目最终未落地，但是近年落成的名为"曼哈顿顶层公寓Ⅲ"的项目采用了相似的设计理念。得益于客户想要住在纽约曼哈顿中心城区的迫切愿望，我那"建造一个悬浮于城市风景之上的全新住宅"的梦想在该项目中得以实现。项目中我构想了一个空间，它的设计概念核心将体现在空间的外部而不是内部；屋顶露台将成为一个露天客厅，在宽阔的绿植墙壁的衬托下向天空延伸。我试图将此空间的韵格与这个城市充满活力的"心跳"和自然的"脉动"融合在一起。而这一切的实现要归功于客户和我对该住宅所投注的热情及携手合作。近年来所做的这些设计表明了我在挑战先入为见的居住理念、自然理念及城市环境理念等方面所付出的不懈努力。

　　我的建筑生涯的原点是一栋独立住宅——住吉的长屋。此前所有的设计工作所形成的的设计思想及理念都被浓缩在这一项目的创作过程中。该住宅位于日本大阪的一个密集度较高的低层老旧住宅区，处于这样的狭窄场地内的住宅有一个直通向天空的天井，曼哈顿顶层公寓Ⅲ与自然相关联的方式与其异曲同工，自然的理念遍布整个住宅，旋转楼梯在大都市上空逐级攀升。在这方面，韧公园的住宅、墨西哥海岸艺术家寓所和马里布住宅也与之相类似。家应该是一个特定的地方，其所处的自然环境也应是这个地方所特有的。

　　回首半个世纪的职业生涯，总会想到在从业之初为人口密集的城市设计小型住宅时，所运用的"都市游击队"（urban guerrilla）这一住宅主题。"都市游击队"的定义是用勇往直前的热情冲击无序的城市景观，打破陈旧的城市面貌。住吉的长屋的主人是颇有勇气的，这栋混凝土结构的住宅，其露天庭院穿透了城市肌理。这并非没有争议，因为"都市游击队"住宅这一想法很容易被误读为建筑师自我的象征。批评者不明白为什么要将建筑的三分之一暴露在外，并用墙壁将居住者与外界隔离。在这里我叩问自己：我们如何在城市的复合环境中茁壮成长？我们的生活真正需要的是什么？作为人类，无论在哪里我们都必须与自然共存。因此在狭小的场地和有限的经济预算下，最终以紧凑而纯粹的形式实现自我的设计理念。

　　对任何居住者来说，适应夏冬两季的严酷天气都是艰难的。我相信露天庭院能够生成一个与自然和谐相处的无限微观世界，为居住者的生活增添欢乐和活力。人类素来拥有忍受严酷的自然条件的能力，这种能力能让我们更接近真实的生命。在住吉的长屋建成近半个世纪之后，房主还住在这里。我对他们致以由衷的尊敬并常怀感念之情，因为他们在向未来行进的路上，把这个居所当成了永恒的家。

我对场所和自然的敏感可能与我的日本根脉有关。我认为作为一个四面环海的岛屿，日本的地理环境决定了它的特点。岛上遍布着山脉、河流和植被，一年四季色彩丰富而斑斓。岛国微妙的生态平衡造就了日本人的敏感，并由此萌发出一种独特的文化。对环境的高度敏感渗入文化的肌理和一代一代人的基因中，我的设计作品也从这种敏感中汲取了养分。

在持续走向现代化的路上，我认为对这种敏感的价值认同的不断降低将是不可避免的。20 世纪下半叶全球化趋势逐步形成，计算机技术飞速发展，然而到了 2020 年，一场大规模流行病以恐惧打破了整个世界的稳定——现代文明比我之前想象的更加脆弱和危险。如果这种情况持续下去，我们所知道的世界将会发生根本变化。建筑也不例外。

未来的前进之路并非清晰可见。然而，无论建筑的建造流程或形式发生了多么剧烈的变化，我相信设计仍将超越其有形限制，继续拥有影响人类的力量。什么是建筑？什么是城市？什么是生活？这些都是我经常问自己的问题。我们现在比以往任何时候都更加需要对建筑的基本方面进行重新审视和研究。我们必须从建筑和创造过程的源头出发。

前言
思想与灵魂的风景线：
安藤忠雄设计的住宅

菲利普·朱迪狄欧

安藤忠雄是少有的在职业生涯中一直设计私人住宅的国际知名建筑师——这其实是一种基于意愿的决策。可以肯定的是，住宅的设计对他的作品有着更为深远的影响。作为 1995 年普利兹克建筑奖得主，安藤忠雄惯常使用混凝土和纯粹的几何形式。因而在快速浏览安藤忠雄的建筑作品时，可能会留下一种现代的、冰冷的、脱离自然的印象——而这与事实实则相去甚远。安藤忠雄设计的住宅深深根植于与自然的融合共生之中，试图唤醒"精神觉悟和感性体会"。了解一些日本建筑理论有助于我们把握设计者对作品的思考和设计过程，但正如他近年来在日本以外的诸多项目设计中所表征的那样，其创作思想及作品的魅力并不局限于日本这个出生地，而是具有普遍性的。

日本作家谷崎润一郎在其于 1933 年发表的极具影响力的作品《阴翳礼赞》中写道："对日本人而言，虽然明亮的房间确实比阴暗的房间更方便，但大屋顶的式样也是不得已而为之。不过，美往往是从生活的实际中发展起来的，因此不得不住在阴暗房间中的祖先，不知何时发现了阴翳之美，最终以增添美感为目的而利用阴翳。"[1] 引导阴翳，也即引导光来达到增添美感的目的，显然是安藤忠雄所追求的目标。他甚至将光等同于一种建筑材料。在谈及自己的开创性作品小筱宅时安藤忠雄这样说道："光是空间和形式之间的媒介。光线的表达会随着时间的推移而发生变化。我相信，建筑材料并不局限于有形的木材或混凝土，而是超越了形式，将吸引我们感官的光线和微风也包含在内。"[2] 此处建筑师所指的并非光的自然条件，而是它被用于容纳空间时的方式。他说："我想要通过使用在世界任何地方都能找到的常见材料，比如由砂子、石子和水泥等组成的混凝土来创造一个特定的空间，并且这个空间也不是单独存在的。我笃信建筑的情感力量源于我们如何将自然元素引入建筑空间。因此，我没有使用精巧复杂的形式，而是选择了简单的几何形式，在这样的空间中去描绘微妙而引人入胜的光影。"[3]

自然光和微风在安藤忠雄的住宅中绝非次要元素。他在 1991 年阐述了其作品——特别是住宅作品——所遵循的理念：

我力求用"透明逻辑"为一个严谨的建筑灌入大自然的元素。水、风、光线和天空这些自然元素，将源自思想意识的建筑带回现实，唤醒建筑中人造部分的生命力。日本的传统思想包含了一种与西方不同的对自然的感性认识——人类生活的目的并非与自然相抗争或是试图控制自然，而是拉近与自然的关系，以便与自然相融合。甚至可以说，在日本传统思想中所有形式的精神锻炼，都是在人与自然共生的环境下进行的。这种感性形成了一种文化，它不再强调住宅和周围自然之间的物理边界，而是转而设立一个精神层面的门槛。在分隔人的居所与自然的同时，又试图将自然引入其中。内外之间没有明确的界限，而是相互渗透。不幸的是，现今的自然已经不再像以前那样丰富繁盛，恰如我们日益贫弱的对自然的感知能力。当代建筑为人们提供了可以感知自然存在的场所，并为此发挥了重要的作用……我相信，正是这种紧迫感，将唤醒当代人潜在的精神情感。[4]

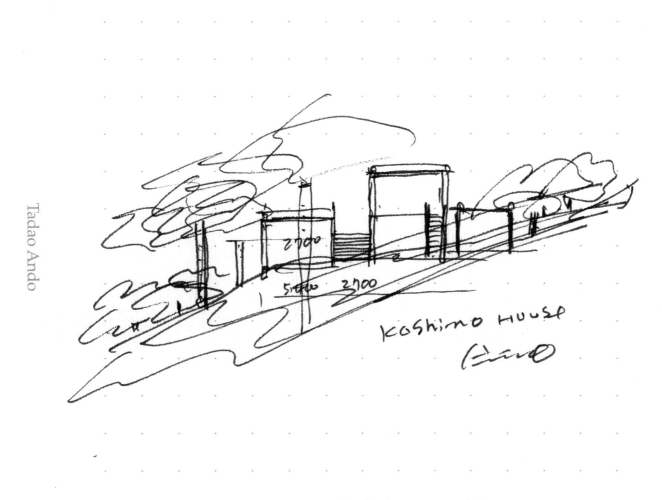

设计草图：小筱宅（日本兵库县芦屋市，1979—1984 年）

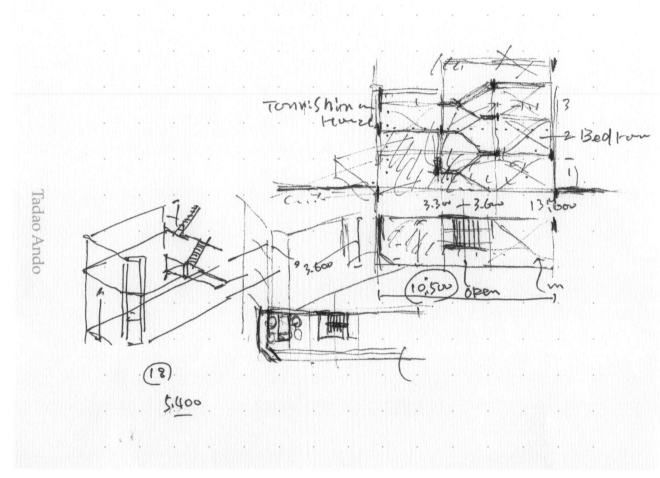

设计草图：富岛宅（日本大阪府大阪市，1972—1973 年）

安藤忠雄在其职业生涯中设计了 100 多个住宅项目——这些设计的频次证明了他对住宅的重视。安藤在 2007 年写的一篇文章中表示：

对于个人和家庭而言，住宅是最基本的建筑单位，它包含了建筑学中所需要的所有重要功能和元素。因此对于建筑师来说，设计住宅的经验是十分宝贵的。特别是对于有许多限制约束的小房子，仔细地思考和研究建筑规模、功能和细节，以及认真地与客户进行沟通都是十分有必要的。我相信对于年轻的建筑师而言，住宅项目是培养和锻炼他们的设计和建造能力的最佳类别之一。我的工作室的原则是：让私人住宅这样的小型项目与博物馆、学校、商业设施这类的大型项目齐头并进，且都由同一组设计人员完成，以便在设计工作中培养和保持连续的思路和紧绷的头脑。[5]

为了纪念东京的日本国立新美术馆（The National Art Center）成立十周年，2017 年举办了名为"安藤忠雄之努力"（Tadao Ando: Endeavors）的展览，着重强调了建筑师的住宅设计。展览介绍中肯定道："对于安藤忠雄而言，建筑的原点正是住宅，它是人类基本居住行为的容器。正是通过设计住宅，安藤完善了他的标志性建筑的基本形式，以清水现浇混凝土、简单的几何形式和与自然和谐共生为表征。"[6] 尽管多年来安藤以不同的方式对建筑理念进行了改进、完善和应用，但它在安藤的职业生涯早期就已经大体成型了。于 1969 年成立了自己的设计工作室后，安藤设计的第一个住宅是富岛宅。他解释说："我沿着外围将场地围合起来，以创造一个不受周围噪声干扰的内部庇护所。"从房屋中庭中心落下的自然光，暗示着建筑师观察自然的表达方式。安藤说："直射光透过交错的楼层照入屋内，调和卧室、客厅和餐厅的氛围，为纯白围墙庇护下的生活带来自然的节律。"光和空气在安藤的作品中有着非凡的意义，而不仅仅是活跃空间的元素。他说："诸如风和光线这类的东西，只有当其以一种与外界相隔绝的形式被引入房屋内部时，才变得有了意义——孤立的碎片化的光与空气在住宅中暗示着整个自然界的在场。光和空气这类自然的基本要素带来了时间推移与季节更替的表征，我所创造的形式便随之发生改变，并由此获得了意义。"[7]

值得注意的是，安藤的作品，尤其是他的住宅设计，大多以日本的城市环境现状为标志。日本人口稠密，城区居住密度极高，除公园之外缺少大面积的绿化区域，且往往缺乏私密性的空间。这使得居于其中的人在都市化生活中形成了这样一种观点：一束光线，抑或一缕微风构成了自然的在场，甚至其本身便可表征自然的真实在场。而随着城市的迅速扩张，这种于都市中品赏自然的生活方式正在席卷全球。混凝土均匀的中性灰色也许还包含着些许回忆，诚如谷崎润一郎在书中所写的："为了使这种柔弱、幽寂、虚幻的光线能够沉静平稳地渗入房间的墙壁中，故意将墙壁涂抹成中性色调的砂壁……如果使用能够反光的材料作为墙壁，那么昏暗光线的柔弱特质便会消失。日光照在房间里幽暗的墙壁表面，勉强显出纤弱的亮光时，才是我们赏玩空间的乐趣所在。对我们而言，在这墙壁上的光亮或阴暗胜于任何装饰物，沁人心脾，百看不厌。因此为了不扰乱映射在这些砂壁上的光线，我们理所应当地只用砂土原本的颜色将它涂遍。"[8]

古老的材料

人们可能会问，一个对自然表达如此感兴趣的建筑师，怎么会在他的几乎所有作品中都使用一种看起来"坚挺、不妥协"的材料。的确，对于一个普通的观察者来说，作为安藤忠雄最喜欢的建筑材料，混凝土可能看起来冰冷且不属于自然。然而，混凝土在日本建筑作品中所呈现出的特性，并不像在世界其他地方所看到的那样——它很光滑，甚至摸起来很"柔软"，其所散发出的那种温暖之感将留在那些不了解日本建筑构法的人们的想象之中。

混凝土无疑是世界上最常见的建筑材料，但它既不新颖，也没有脱离自然。古埃及人在建筑中使用石灰和石膏砂浆的混合物，古罗马人用砂子、火山灰和熟石灰制作混凝土，并称其为"罗马混凝土"（opus caementicium），古罗马万神殿（约 126 年）等建筑中就使用了这种材料。万神殿的成功在于它出色地驾驭光、影和材料所塑造出的简单形式，创造出一个超凡而卓越的空间，这对安藤忠雄的设计产生了影响。

混凝土通常由天然物质制成，即由水和硅酸盐水泥（由石灰石、页岩、铁矿石、黏土或粉煤灰制成）与砂石、砾石或碎石等填充料混合而成。安藤选用了特别光滑的填充料。当加入水时，混合物开始了被称为水化作用（hydration）的过程，最终硬化凝固成一种与石头无异的物质。这一混凝土的"固化"过程需要持续数日，但实际上混凝土本身会继续硬化更长的时间。

安藤采用的工法是现场将混凝土灌注到事先准备好的内部装有钢筋的木制模板中。平滑度是对混凝土中所用骨料的一个要求，模板的精度和表面的光滑程度亦会影响平滑度。因此，安藤经常为这些模板的木质表面涂上油漆。完成后的混凝土表面再用氟树脂进行处理，这种透明的涂料会在混凝土表面留下一些光泽，但能起到防水和保护混凝土表面的作用，能维持 10 ~ 15 年。诚然，混凝土表面的自然侵蚀和退化过程会使它在若干年后变得不甚美观，但安藤的方法似乎已经证明了它的价值。为了避免日本潮湿气候使混凝土变黑变污，安藤在混凝土的细节处理上也相当谨慎。例如，他经常使水平面略微倾斜，以加速水流失。

精神家园

　　收录于本书的已建成的 9 座住宅中有 4 座位于日本。而与安藤忠雄的生活和工作关系最为密切的"住宅"，是大淀工作室附属建筑的延伸玻璃空间。这个附属建筑紧邻安藤的大淀工作室 II。可以说，这个工作室就是建筑师的精神家园。一个通高中庭贯穿这座七层楼高的建筑（包括地下两层），其宽度随每层而递增。安藤在上层接待访客，沿着中庭的狭窄楼梯蜿蜒抵达这一空间。这里与让他首次在建筑界备受瞩目的住吉的长屋相似，只是规模更大，建筑师的工作室将大阪市区的景观和噪声隔绝在外，只留下天窗来接纳光线和流云。

　　大淀工作室 II 的附属建筑位于街对面，内含客房设施。它由一个 L 形围绕着一个庭院布置的混凝土盒子组成，遵循场地基址的不规则形状的墙壁形成锐角。每层楼的服务区，如楼梯、供水设施和储藏室，都位于平面图中由尖角墙限定的空间部分。该结构最初分为顶层的客房和从地下室到二层的三层生活空间。建筑师曾告诉客人，这是他的家，尽管在这里很少能看到甚至可以说没有任何住宅中常见的组成部分。最近对这一附属建筑的扩建只涉及将上层客房转换为员工的会议空间，面积大约 12.35 m²。熟悉大阪和东京这样的日本城市的人都知道，尽管它们的建筑密度极高，但它们确实存在各种各样静谧的住宅区。大淀的位置非常靠近城市的一条主要的高架地铁线和一条多车道的高速公路，但在这个距大都市主干道不足 90 m 的地方，却相对拥有着宁静。如果说起初的工作室是受益于皮拉内西式（Piranesian）的孔洞，将日光引入中央空间，那么附属建筑及其延伸部分的不同之处在于它们都是玻璃的，可以看到一棵参天的樟树。在世界最大的大都市之一的中心地带，光线、空气和绿色这些自然元素在这里创造出一个适宜工作和日常生活的环境。同安藤的其他作品一样，自然景观的在场在这里不只是轶事或装饰，而且是理解其作品的关键。因此，也可以这样说，他将这个地方称为"家"，也极大地表明了他对居住的重视。切实而言，这是属于建筑师的工作灵魂之家，是其设计思想的生动表达。

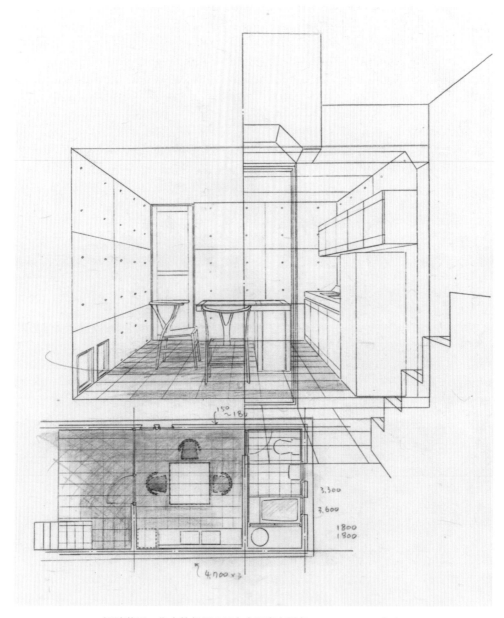

设计草图：住吉的长屋（日本大阪府大阪市，1975—1976 年）

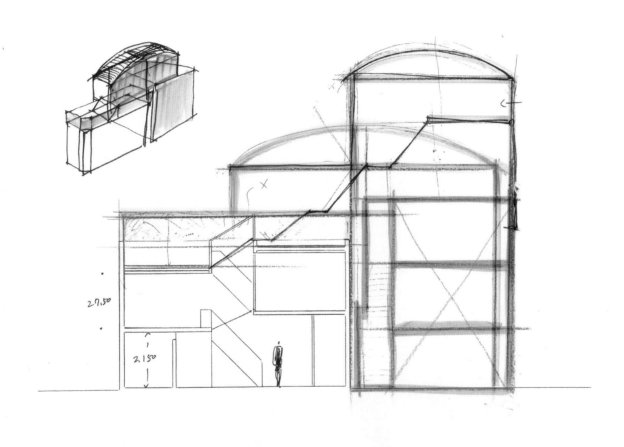

设计草图：大淀工作室 I（日本大阪府大阪市，1980—1986 年）

与城市和地球融为一体

　　韧公园的住宅提出了一种全新的亲近自然的方式，在这里，绿植景观墙和邻近的生态公园将自然充分地融入建筑中。一层通高的起居区设有折叠式钢制玻璃门，从而在天气较为温暖时能够将室内外空间完全连接起来。清水混凝土被大量使用于这座三层的混凝土住宅中，而室内地面则由黑色花岗岩和白橡木铺就。从街道一侧看去房子很简约，甚至称得上朴素，住宅被绿植覆盖着，面向公园的一侧有一个巨大的开口。自然光会透过窗户和开口照进住宅，明显的阴影也会伴随而生。极简的家具契合了日本审美观，但最初由路德维希·密斯·凡·德·罗（Ludwig Mies van der Rohe）设计的巴塞罗那椅（Barcelona Chairs）的出现，促使人们去思考现代主义与这种建筑间的联系。值得注意的是，密斯在他的范斯沃斯住宅（Farnsworth House，美国伊利诺伊州普莱诺市，1951年）等作品中所寻求的那种空中的轻盈感却与安藤不同。相对而言，安藤更钟情于相对黑暗的环境，房屋不仅牢固地锚定在大地上，而且坚固地矗立在大自然之中接受其洗礼。安藤的建筑几乎与环境融为一体，在直岛那隐匿于自然的建筑上便可看出。现代主义建筑师试图回避过去，却又很少深植于大地，安藤给人的印象则是其与城市融为一体的厚重的混凝土——这印象绝非是粗粝的——安藤的混凝土摸起来很光滑，而线条也一贯是直线型的。只有自然的光线和微风会随着时间的流转和季节的更替而变化，建筑本身则是始终不变的。

　　芦屋是位于大阪和神户之间的时尚住宅区，1980年至1981年间，安藤忠雄在一片青翠的斜坡上建造了小筱宅。其最近的项目芦屋住宅则面临着一个完全不同的挑战——狭窄的城市场地。虽然该住宅背对着街道，但建筑师用他典型的混凝土围墙划定了场地，形成了一个停车区域和入口通道。从街道上可以看到双层通高的生活空间，但提升的高度足以保障业主的隐私。相对幽暗的入口进一步强化了狭窄空间的印象，两端的全景落地窗让家具稀少的起居区域显得既高挑又明亮，而两侧的玻璃狭缝窗将空间一分为二，并随着一天中的时间流逝而带来不断变化的光影。建筑师设计的橱柜延续了严格的直线空间，可以从清水混凝土墙壁的光滑柔然中窥见一般。厨房在色彩相对朴素的材料表面增加了花岗岩、瓷砖和木材。同样由建筑师设计的浴室表面则是白色的，浴缸附近有一扇巨大的窗户。这座房子的魅力和卓越之处恰恰在于其有限的材料选择，以及为居住空间设计的抬升的矩形盒子的绝妙解决方案，它既私密又与城市环境相连接。随着时间流逝及季节更替，射入的自然光线使空间变幻万千。正是在欣赏"纤弱的光亮"时，芦屋住宅的主人可以察觉出他们生活在一个不同寻常的空间中。

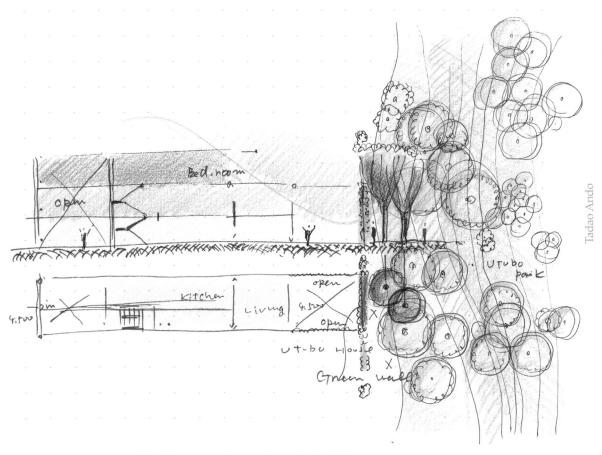

设计草图：韧公园的住宅（日本大阪府大阪市，2007—2010 年）

设计草图：蒙特雷住宅（墨西哥新莱昂州蒙特雷市，2006—2011 年）

客户的重要性

显然，随着多年来声名渐高，安藤经常受邀设计住宅。当被问及他如何决定接受哪些项目时，他回答道：

有非常多的人来到我的工作室让我提供设计服务，我是否接受他们的委托在很大程度上取决于他们的个性和气场。当然，整体愿景和项目范围也是至关重要的，但我时常发现，客户对项目的热情及其信念是成功完成一栋建筑从概念到施工再到入住的最为重要的表征。回顾历史，我时常发现，那些足以定义一个时代的建筑的出现，往往得益于一个雄心勃勃的客户的不懈努力。格利特里特维德（Gerrit Rietveld）的施罗德住宅（Schröder House，乌德勒支，1924 年），以及路德维希·密斯·凡·德罗与菲利普约翰逊（PhilipJohnson）合作的西格拉姆大厦（Seagram Building，纽约，1959 年）是这方面的优秀范例，对于这类建筑，我可以滔滔不绝地谈论。一个项目的完成，需要客户的竞争精神和激情来推动，需要漫长的时间和坚强的毅力来克服建筑设计可能遇到的瓶颈，诸如环境和法规限制、施工和场地相关规定这类的困难。[9]

安藤忠雄曾在世界多地设计住宅：于意大利设计了无形之家 [Invisible House，1999—2004 年，系亚历桑德罗·贝纳通（Alessandro Benetton）宅邸，特雷维索)]，于墨西哥设计了蒙特雷住宅（Monterrey，2006—2010 年），于斯里兰卡设计了普林吉尔之家（Pringiers House，2005—2008 年，瓦勒迦玛），但自从在芝加哥设计建造了艾昌纳宅邸（Eychaner House，1992—1998 年）以来，美国就成为他除日本之外建造住宅最多的国家。建筑师在加利福尼亚州设计了几座住宅，但第一个竣工的却是其中第三个开工的马里布住宅Ⅲ。

尽管安藤忠雄的住宅项目委托客户通常都是知名人士，比如为时装设计师汤姆·福特（Tom Ford）设计了塞罗佩隆牧场（Cerro Pelon Ranch，新墨西哥州圣达菲，2012 年），但客户们往往更愿意匿名委托，而经常居住在纽约的墨西哥艺术家博斯科·索迪（Bosco Sodi）却并非如此。出生于 1970 年的索迪经常使用纯颜料、锯末木屑、木浆、天然纤维和胶水等材料创作大型抽象艺术作品。索迪不仅受到了由让·福特里埃（Jean Fautrier）创立的无形式艺术（Art Informel）运动的影响，也受到了诸如安东尼·塔皮埃斯（Antoni Tàpies）、让·杜布菲（Jean Dubuffet）、威廉·德·库宁（Willem De Kooning）、马克·罗斯科（Mark Rothko）等人的作品的影响，还深受墨西哥的明亮色彩的浸润。此外，他还涉足雕塑领域，通常使用黏土进行创作。他在世界各地举办展览，近年的展览在纽约的佩斯画廊（Pace Gallery）展出。

无限的外界

安藤忠雄的建筑看起来可能是相当均匀的灰色，只用玻璃和一些黑色金属配件来调和他所钟爱的单一色调的混凝土。诚然，他在住宅内部采用了橡木和石材作为家具或地面的材料，但很多时候即使是在室内，混凝土也是主导性的材料。不难理解，安藤认为光线和风不仅是自然的体现，同时也是其建筑"材料"主色调的一部分。经常在这一问题上发表声明的他没有给质疑留下任何空间，同时他对当代建筑的物质的分析超出了建筑材料本身。住宅与其所处场地同呼吸共命运，坐落在加利福尼亚州太平洋海岸浪花之上的马里布住宅Ⅲ正是如此。住宅设有落地窗来有意聚焦海滨风光，同样这所住宅也是被嵌入一块极为狭窄的场地之中，并与其他既有房屋相邻。设置住宅的混凝土围墙最初有两个目的：一是保护居住者的隐私不会被从旁窥见，二是将居住者的视线引向他们面前开阔的海景。那些去过马里布海岸的人都知道这个地方和普通的海滩不一样，人们可能会想到海滨是各不相同的，但在马里布，当凝视一处过于辽阔而目所不能及的景象时，绝对有一种崇高的感觉。

艺术家大卫·霍克尼（David Hockney）对其在马里布的一个小型海景房中所看到的景色进行过描摹。霍克尼的那间海滩别墅尽管并非出自安藤之手，但作为艺术家凝视沉思的地方，也能够说明加利福尼亚的海岸风光有多么动人心魄。霍克尼说："我并不是说我的画是精神性的。我只是指出，西方风景画确实有精神性的一面。你可以感受到它，而我深深为之吸引。我在马里布的海畔有间小房子，当涨潮的水面漫至我的前窗时，再一次，我感知到一个浩渺的空间。屋子极为狭窄逼仄，而内部舒适孤立，外界是无限辽阔的空间。因为水是有生命的，水的边缘永远在移动，所以用不了几日你便会为之深深折服。我喜欢坐在我的桌旁向外凝望，所有无关痛痒的话语都被我抛诸脑后。你会察觉到自己是多么渺小，而许多事物又是多么荒诞不经。人们应该多一些沉思，多观察周围事物。无论人们如何谈论，世界总是比你想象的更加美丽。"[10]

因此，建筑师特意将马里布住宅Ⅲ安置于坚固的墙壁与一条道路的夹角处，三面被包围着，而剩余的一面则面向不可知的无限空间。这座混凝土住宅拥有几何学上的有序性和强大的存在感，建筑师将其设想为一个保护性的容器，其光滑的灰色表面吸收了阳光，也将海风引入宅内。或许可以这样理解，作为直线型的马里布住宅Ⅲ很难被其他地方的人所想象，但它实实在在地是为了矗立于这片海滩而被设计出来的。

安藤忠雄设计的房子，即使是地点、环境相对具有局限性，比如那些在日本城市或马里布海岸的住宅，往往也是同样被锚定在大地之上的——这一事实意味着安藤的作品是与现代主义的许多信条相背离的。前文中提到的范斯沃斯住宅就是一个很好的例子，根据建筑师路德维希·密斯·凡·德·罗的说法，这座建筑"几乎什么都没有"，其特点是轻盈。它基本上是由其平面屋顶和地面所界定，只有白色喷漆钢质框架是可见的——因而整个玻璃盒子似乎是悬浮于大地之上，仅有八根钢柱做支撑。建筑师阐述道："我们应该努力将自然、房屋和人相结合，实现更高的统一。当人们在范斯沃斯住宅里透过玻璃墙看向室外的自然景色时，比站在室外更具有深刻的意义。更多的自然因此得以展现在眼前——它将成为一个更大的整体的一部分。"[11]在这方面，范斯沃斯住宅与安藤的将自然引入他的住宅的设计手法是相似的，但密斯似乎并没有将光这类独特的元素视作材料调色板的一部分。更确切地说，他是通过玻璃外墙将"外在的大自然的图像"投入范斯沃斯住宅中。这座悬浮于大地之上的住宅的确可被认为是一座现代的瞭望台，在其中可以静观自然，但与安藤使用的混凝土截然相反的是，它的轻盈意味着其并未被锚定在大地上。安藤住宅的因地制宜是一个十分重要的理念，这些住宅绝大部分被牢牢锚定于大地之上，它们进入自然，并成为自然的一部分——因为自然在这些场域中恰如其分地展现了自己，正如在马里布，安藤忠雄将居住者的视线引向海洋深处的波澜壮阔。诚然，场地意味着这样的构造安排，但重点并不是给予自然"更深的意义"，而是让居住者感受所处的自然环境。

通往天堂的阶梯

与前面所介绍的不同，本书中有一个项目并非是直接被锚定在大地之上的，那就是位于纽约的曼哈顿顶层公寓。同样特别的是，在这里也没有使用混凝土。由于项目受限于 1913 年的建筑物结构，这里使用了更轻的建筑材料，包括橡木地板和白色灰泥墙壁。这套顶层公寓是为曼哈顿的一位艺术收藏经理人而设计的，他非常了解安藤忠雄。这套顶层公寓堪称是自然光的颂歌——自然光透过覆盖着玻璃的部分渗入主要的生活空间，尤其是通过一座雕塑般的楼梯直通向屋顶露台的天井照射进来。在屋顶露台，一道绵延的南向立面完全被法国著名植物学家帕特里克·布朗克（Patrick Blanc）设计的绿植墙所覆盖。这是布朗克和安藤的首次合作，但他们的方法显然有相似之处。布朗克的绿植墙在黑白色的无机环境中代表了一种不可否认的自然的存在。尽管不像这一地区许多较新住宅楼那样高，但在公寓的室外露台上仍可以饱览曼哈顿市中心的繁华景色。露台的地面采用了塞茵那石（pietra serena），这种灰色的砂岩在文艺复兴时期的佛罗伦萨建筑中被经常使用，比如在菲利波·布鲁内莱斯基（Filippo Brunelleschi）于 1443 年设计建造的巴齐礼拜堂（Pazzi Chapel）中便有使用。尽管塞茵那石是灰色的，但在某种程度上却与曼哈顿顶层公寓近乎空灵的轻盈保持一致。顶层公寓的主人有一种沉着自信的格调，而且与安藤的作品十分协调。杉本博司（Hiroshi Sugimoto）的作品和埃尔斯沃思·凯利（Ellsworth Kelly）的《白色曲面》（*White Curve*）与空间和谐地并置在一起。由一整块巨大的日本桧木制成的餐桌和咖啡桌，为空间营造出一种刻意粗粝的氛围。通往上层的轻盈螺旋楼梯很可能会让人想起齐柏林飞艇乐队（Led Zeppelin）的那首老歌《通往天堂的阶梯》（*Stairway to Heaven*，1971 年）。在这座顶层公寓里会使人产生这样一种清晰的感觉：莫名地进入了一个空间，不仅在曼哈顿之上，甚至可能高于我们通常所知的住宅建筑——人们像是来到了"天堂"——在此处，艺术和建筑终于与阳光和植物墙的绿色相融合。本来是直线型的几何平面上只有一条曲线，那就是形态完美的由玻璃和钢边框搭起的螺旋楼梯。安藤说，是否接受客户的委托"很大程度上取决于他们的个性和气场"。在这里，他显然遇到了一位与他一样对建筑和艺术有着真正理解和信心的客户。

设计草图：墨西哥海岸艺术家寓所（墨西哥瓦哈卡州埃斯孔迪多港，2011—2014年）

沙地上的墙

　　该建筑群是卡萨瓦比（Casa Wabi）基金会的总部，该基金会自述其为"旨在通过艺术促进合作和社会奉献的非营利性民间组织。我们相信，个人与艺术的邂逅会产生积极的影响，为此我们寻求对话和互动，以丰富项目参与者的人生观"[12]。基金会会组织一些展览，还有一个艺术家驻场项目，同时也向当地社区伸出援手。2017 年，博斯科·索迪与保罗·卡斯明画廊（Paul Kasmin Gallery）在纽约合作创作了一个公共装置艺术作品，命名为《墙》（Muro）。这件长约 8 m、高约 1.83 m 的作品，是由在墨西哥瓦哈卡州烧制的 1600 块被捏塑成木条状的黏土搭成的，而它将在一天的展览时间中被观展者有意地拆除。博斯科·索迪显然是在指涉已宣布的在墨西哥和美国之间修建隔离墙的计划，他说："我想创造一堵由墨西哥人用墨西哥的土壤制作的墙，然后由社区和各式各样参观公园的人来拆毁它。"[13]

　　出乎意料的是，墨西哥海岸艺术家寓所最显著的特征是一堵绵延 312 m 的混凝土墙，但安藤的设计并非在指涉美国的外交政策。相反，这个标志物与安藤在其他项目中竖立起来的墙相类似。它将长长的海滨场地一分为二，并将项目中的各种元素固定下来。有一个向海洋延伸的狭长的水池和另一面通向内陆的混凝土墙，将建筑布局导向（两条十字交叉的轴线）四个方向。而在这个十字中心有一个天文台，那是一个带有木质长椅的混凝土浇筑的椭圆形，游客可以坐在那里仰望天空。该项目占地近 27 hm^2，位于埃斯孔迪多港西北约 32 km 处，现在因卡萨瓦比基金会而闻名。总监卡拉·索迪（Carla Sodi）解释道："Casa Wabi 这个名字来自'Wabi-Sabi'，即日本的侘寂美学的概念，它代表了一种专注于去接受短暂易逝和不完美的世界观，在不完美中发现美，也在不经意中发现自然深处的美。"[14]

　　卡萨瓦比的地点相对偏僻，没有手机信号覆盖。这使人联想到安藤早期的作品贝乐思之家别馆（Benesse House Museum and Hotel，香川县直岛町，1990—1992 年；椭圆场地：1994—1995 年），那里既没有电话也没有电视机。安藤忠雄不会刻意抵制现代生活中的科技发展，但他似乎更喜欢将他的作品置于那些可以重新建立与自然和谐共生关系的地方，远离日本城市中那些让人不可思议的喧嚣行为。

　　博斯科·索迪于 2006 年为卡萨瓦比基金会买下了这块土地，并在会面之前与安藤通过传真进行了两年的沟通。"有很多人认为我是疯子"，他说，"但要改变这个世界，你必须疯狂"。他还说，那些成功的艺术家"总是缺乏为社会奉献的思想"。[15] 在这里，当代艺术并不局限于纽约画廊的精英圈子，它还与该地区的人口息息相关，此外还与那些在这里生活和工作过一段时间的艺术家息息相关。尽管建筑是由艺术家资助的，而他告诉记者，他的资金是从"母亲、朋友、画廊"处借来的，但出自安藤忠雄之手的建筑群，以及选择由墨西哥城伽麦克斯博物馆的前身——伽麦克斯收藏馆的前任总监兼馆长的帕特里夏·马汀（Patricia Martín）来领导艺术活动，表明了这个项目在国际上的高水准。

卡萨瓦比的墙壁和水池将其与海洋和陆地相连，在设计轴线交叉处的小型天文台又将其与天空相连，这些都彰显了建筑师将建筑项目与场地及更大的现实相联系起来的方式。尽管一些观察者可能会由建筑群中央的住宅联想到日本的某些寺庙，但它同样具有在地性——其选用了当地典型的茅草屋顶。碰巧的是，博斯科·索迪的作品也十分贴近大地，几乎可称得上是当代艺术所能趋近的自然之极致。在此情况下，建筑师不仅找到了其作品与场地相连的连接要素，也找到了与客户对话的要素。

光线中的建筑

那些关注安藤忠雄职业生涯的人，或者更具体地说，那些关注他住宅设计的人，肯定会对他在设计中表现出的连续性印象深刻。采用一种十分克制的几何语汇，且通常是基于现浇混凝土的使用，他衍化出多变的住宅，这些住宅的确都有种可被称为"签名"的感觉。但除此之外，这些房子都是独一无二的，与其场地和任何可利用的自然元素都有着深刻的联系。最为一致的，是始终影响安藤忠雄作品的光与影。在这种建筑中，光本身就是一种建筑材料，就像途经的微风代表了自然一样。尽管安藤十分注重他的家乡日本的传统，但他绝不能仅仅被划归为一个纯粹的日本建筑师。他寻得了一条窄窄的路径，即从现代主义的大师们比如勒·柯布西耶（Le Corbusier）到密斯再到其他人，最后找到他自己独特的东西。几何形式有其自身无可置疑的逻辑，不同于自由的形态，安藤的墙壁坚实而固定。因此，尽管一束光线可能是短暂易逝的，但是当其落在安藤的混凝土上时，就成了设计的一部分——不断变化和移动的部分。安藤在 1987 年于耶鲁大学发表的题为"如何应对现当代建筑无望的停滞状态"的演讲中说道："建筑通过与情境中的元素的不断对话与碰撞，带来了新的能量和生命。我采用几何形式来赋予整体以秩序，因为我相信，几何是建筑的理性……此外，在我的建筑中，我寻求创造人与自然可以交流的情境。我想在我的建筑中实现促进与自然材料对话的空间，在那里人们可以感受到光线、空气和雨滴。"[16]

当被问及他认为何为"理想"的住宅时，安藤忠雄明确提到了他的建筑与场地的关系，但也提及了他自己对目的和连续性的深刻认识，理想化的表达是在与客户不断发展的关系中实现的：

作为建筑师的我，关键性的出道作品是 1976 年于大阪设计建造的住吉的长屋，但在同一时期，我还接受了在神户市的名为松村宅的委托。在这个项目的场地，有一堵花岗岩墙和三棵参天的樟树。我保留了现有的这些元素，并在现场划定了住宅主体的位置。通过使用倾斜的木质屋顶和砖墙，试图与周围的城镇景观建立连续性。设计完成 35 年后，客户的女儿带着一个新项目找到我，她想要我在东京重现她童年的住宅，因为她即将搬到那里去。这个要求使我既惊讶，又措手不及。多年来，与父母居于这栋住宅的回忆始终令她念念不忘。对她而言，我所设计的房子不仅仅是一个有形的建筑，更是收藏她回忆的寓所。我的许多客户同样如此，将我设计的建筑视为理想的家园，视为思想与灵魂的有形景观。作为一名建筑师，我希望创造一个只能存在于它所处的环境中，并与之共生的建筑。我抗拒纯然理性的、贪图舒适享乐的和同质化的生活环境，而是试图对周围的环境及场地致以敬意。[17]

注释：

1　谷崎润一郎著，焦阳译，《阴翳礼赞》，浙江文艺出版社 2021 年版，第 39 页；谷崎润一郎著，丘仕俊译，《阴翳礼赞：日本和西洋文化随笔》，生活·读书·新知三联书店 1992 年版，第 18 页。

2　安藤忠雄，《小筱宅》，《空间设计》（*Space Design*）第 201 期（1981 年 6 月），第 15 页。

3　优丝拉·阿迈德（Yosra M. Ahmed）编，《"这是我的住宅"，大阪最有名的建筑师如是说》，《拱 20》（*Arch20*），本文引用访问于 2018 年 4 月 4 日的《拱 20》杂志官方网站。

4　安藤忠雄，《超越建筑视野》，收录于《安藤忠雄》，现代艺术博物馆 1991 年版。

5　安藤忠雄，引自安藤忠雄建筑研究所的矢野先生（Masataka Yano）给作者的电子邮件，2007 年 11 月 23 日。

6　"安藤忠雄之努力"展览，日本国立新美术馆，本文引用访问于 2018 年 4 月 4 日的日本国立新美术馆官方网站。

7　安藤忠雄，《从自我封闭的现代建筑走向普遍性》，《日本建筑师》1992 年 5 月刊，第 9 页。

8　谷崎润一郎著，焦阳译，《阴翳礼赞》，浙江文艺出版社 2021 年版，第 40 页；谷崎润一郎著，丘仕俊译，《阴翳礼赞：日本和西洋文化随笔》，生活·读书·新知三联书店 1992 年版，第 19 页。

9　安藤忠雄，引自安藤忠雄给本书作者的电子邮件，2018 年 4 月 12 日。

10　引自大卫·霍克尼与本书作者的交谈，1994 年 5 月 18 日。

11　"路德维希·密斯·凡·德·罗，范斯沃斯住宅，伊利诺伊州普莱诺市"，现代艺术博物馆（Museum of Modern Art），本文引用访问于 2018 年 4 月 12 日的现代艺术博物馆官方网站。

12　"关于我们"，卡萨瓦比基金会官方网站，本文引用访问于 2018 年 4 月 9 日的卡萨瓦比基金会官方网站。

13　博斯科·索迪，转引自索菲·海格尼（Sophie Haigney），《艺术家将竖起一道"墨西哥人制造"的墙供游客拆毁》，本文引用访问于 2017 年 7 月 3 日的《纽约时报》官方网站。

14　卡拉·索迪，转引自安迪·库斯克（Andie Cusick），《在安藤忠雄的墨西哥卡萨瓦比之地展出的日本的不完美的艺术》，《朋友的朋友》（*Freunde von Freunden*），本文引用访问于 2017 年 4 月 5 日的《朋友的朋友》官方网站。

15　维多利亚·伯内特（Victoria Burnett），《在这个墨西哥的隐居处，艺术家与社区通力合作》，本文引用访问于 2015 年 5 月 29 日的《纽约时报》官方网站。

16　安藤忠雄，《安藤忠雄：耶鲁工作室和近来的作品》，里佐利出版社（Rizzoli）1989 年版。

17　安藤忠雄，引自安藤忠雄给本书作者的电子邮件，2018 年 4 月 12 日。

目录

住宅项目

小筱宅（KH 画廊）

日本兵库县芦屋市，
2004—2006 年

该住宅位于神户附近的兵库县芦屋市的一个青翠的山坡上，是一位日本知名时装设计师的宅邸。安藤忠雄解释说："考虑到当地极佳的自然环境，以及项目极高的自由度，我们致力于在建筑和场地之间生成一种关系，使建筑具有自主性，同时与周围的自然环境协调共生。"由此产生的平面布局很简单，在避开散布在场地上的树木的同时，两个不同高度的混凝土盒子以半埋地下的方式并置。盒子的长边与场地的坡度平行，盒子间则通过地下通道相连接。一个侧翼包含位于底层的起居室及餐厅，以及位于上层的主卧。另一侧翼包含 6 个由墙分隔开的私人房间。位于两翼之间的多层庭院花园将客厅所在的二层与私人房间的屋顶连接起来，并作为一个提供广阔生活空间的装置。在这些盒子的内部，强烈的阳光通过狭缝窗照入，窗户开口则将花园的风光框定——通过对外望视野的控制，每个空间都被赋予了独特的个性。建筑师说："我们的目标是通过提纯建筑元素来建造一栋彰显自然之力的住宅。"

住宅落成四年后，这里又增建了一个作为工作室的侧翼。相较现有部分的线性构成，新增的部分被一堵呈四分之一圆的墙壁所围住，遮挡了大地，环拥着整个空间。天花板上有一个弧形的缝隙状天窗，强光通过天窗照射到混凝土墙上。这座房子的建筑完整性因增建部分的强烈对比特征而得以增强。

在为小筱宅增建工作室侧翼的二十年后，客户再次委托安藤忠雄修改原设计。这一次，建筑的下部被拆除，并于原地重建。当年的孩子们已然长大，因而南翼所包含的私人房间很少再利用，新的方案是修建一个大厅，用于开展客户的创造性活动。这项工作是在 2005 年至 2006 年之间进行的，整体上共增加了 250 m²。安藤忠雄首先回顾了之前的轮廓，然后设计了一个两层结构，其高度维持与原建北翼相同。"在扩展室内空间的过程中，我在遵循现有部分的布局原则的同时，试图加强由基本的几何形状的对比与重复而产生的节奏感，目的是创造一个微妙而富有活力的空间，以激发人类无穷的想象力"，建筑师如是说。

住宅的主人小筱弘子（Hiroko Koshino）将这里变成了 KH 画廊，这个向公众开放的空间专门用以展示她不同形式的艺术作品，而其中主要的展览空间正是安藤忠雄在 2006 年加建的侧翼。

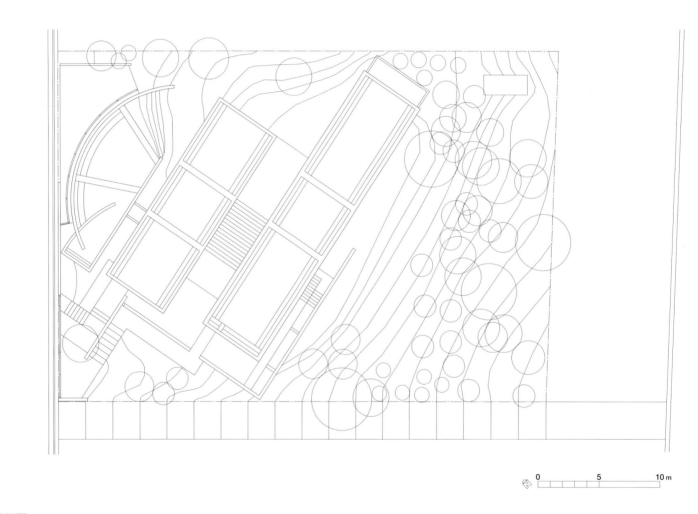

总平面图

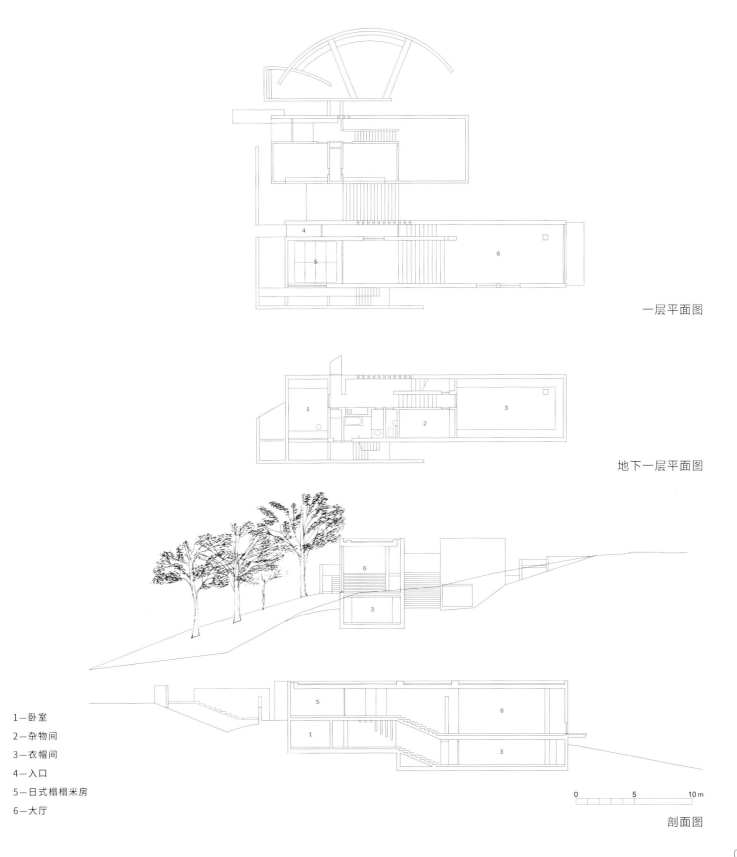

一层平面图

地下一层平面图

1—卧室
2—杂物间
3—衣帽间
4—入口
5—日式榻榻米房
6—大厅

0   5   10 m

剖面图

马里布住宅III

美国加利福尼亚州马里布市，
2006—2012 年

马里布市位于洛杉矶西部太平洋沿岸。沿着近 35 km 的狭长地带，一片宽阔的海滩展现出波澜壮阔的海景。想在这里修建住宅的人为数众多，客户多是业内成功人士，且通常都是与知名的建筑师合作，但这片海滩适宜修建房屋的位置却不多，因此在太平洋海岸公路和海滩之间的现有房屋已相当稠密拥挤。这栋住宅的后面正对着高出海滩水平面 10 m 的公路。这里的海滩并不像马里布的其他海滩那样宽阔，因而这栋住宅几乎像是悬浮在海浪之上。从入口开始，一个通高开口的客厅向海边延伸，并由坚固的混凝土柱子做支撑。起居区域和用餐区域也位于这个主楼层。尽管马里布住宅III建于另外两栋住宅之间，但其设计确保了作为当代艺术收藏家的业主有足够的私密空间。"基于这些给定的条件"，安藤忠雄说，"我试图创造一个动态的房子，使其与眼前不断变化的大海融为一体"。住宅由混凝土、钢和玻璃构成，底层有两间儿童房和一间书房。位于主楼层的客厅上方的主卧室被设置在后部，这样便可以建造一个宽敞的室外露台。艺术收藏品的展览空间位于一个阶梯式画廊中，其连接着客厅及上层的卧室。业主在这里摆放了杰夫·昆斯（Jeff Koons）的大型彩色青铜雕塑《绿巨人（及其朋友们）》[Hulk（Friends），2012 年]。阶梯式画廊的台阶穿过住宅的西侧，在室外塑造了一个起居区域。安藤忠雄表示："登上这些台阶将到达顶层的露台，在太平洋的衬托下，空间徐徐铺展开来，并达到更高的境界。"这栋住宅有许多安藤的标志元素，包括内部和外部都采用的光滑的清水混凝土墙。室内设计简洁而有力，包含了厨房和浴室空间。露台上朴素的玻璃围栏给人的印象是：从室内到广阔无边的海洋，空间是真正连续绵延的。安藤实际上已经为马里布设计了 3 栋住宅，其中的一栋已开工了一段时日，但这第三个项目却是率先竣工的。关于这座住宅，安藤在 2012 年这样表示："我设计的任何房子都要有一种在特定环境中与自然共生共存的感觉，这对我而言是十分重要的。在这个设计中尤为突出的是，我希望看到东、西方的生活方式的交叠与融合。在马里布，你可以真正融入海洋，与之一同生活，这个想法在我的脑海中异常强烈，我试图将住宅与环境相融合的理念纳入我的工作中。"[1] 该项目的登记建筑事务所为马莫尔·拉齐纳（Marmol Radziner）。

1　乔纳森·路易（Jonathan Louie），《安藤忠雄》，文章来源于《建筑师报》（The Architects Newspaper）官方网站，2012 年 5 月 1 日访问。

总平面图

N　　10　20　30 ft
　　2　4　6　8　10 m

1—入口
2—起居室
3—餐厅
4—厨房
5—卧室
6—书房
7—露台
8—车库

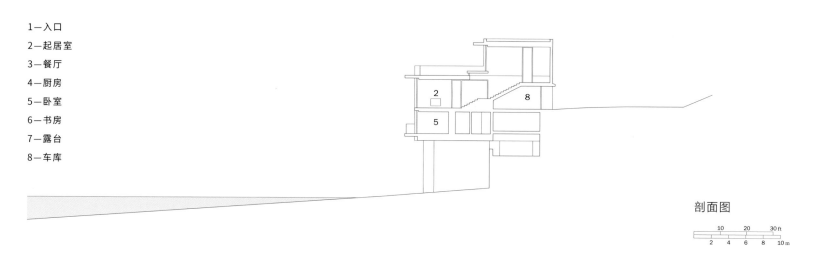

剖面图

10　20　30 ft
2　4　6　8　10 m

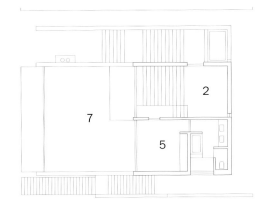

顶层平面图

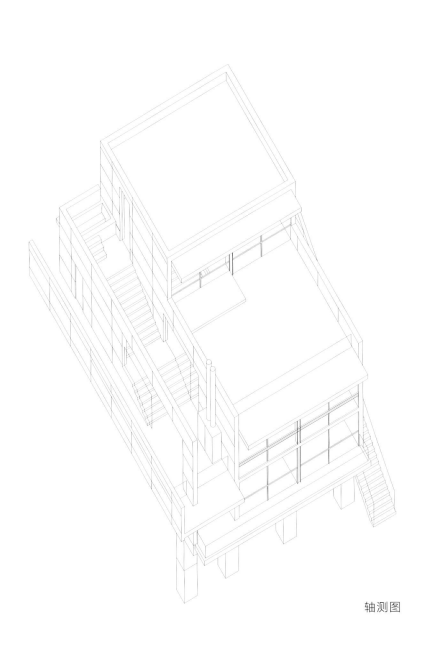

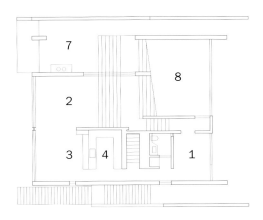

主楼层平面图

轴测图

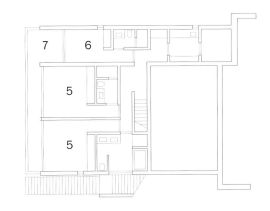

底层平面图

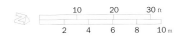

071

高松住宅

日本香川县高松市，
2010—2012 年

　　高松是位于四国岛上的一个工业港口城市，临濑户内海。安藤忠雄在其职业生涯早期在这里完成过多个项目，包括一栋名为 STEP 的商业建筑（1978—1980 年）。与安藤在邻近的直岛上设计的建筑及持续建设的六甲的集合住宅多期项目一样，这一项目也延续了他所重视的于时间推移中延续与内在关联的建筑理念。这座住宅是为安藤的一位早期项目客户的儿子所设计的，正是在其父亲的建议下他找到了安藤。虽然地处高桥市中心附近一个拥挤的十字路口，客户还是希望建筑师为他建造一处"置于闹市中却能保护家庭隐私的居所，能够提供宁静生活的空间，有自然的光线和微风穿过这个明亮而开放的住宅"。在这里，正如在其他住宅作品中一样，安藤认为，房子隔开周围环境与向自然开放的设计想法并不矛盾。与日本其他地方一样，这里有阳光和微风，可以被认为是让自然进入的表现，同时几乎完全可以确保客户即使住在市区也觉得远离了城市的喧嚣。房子的底层为公共区域，有一个入口大厅、一个会客室，拥有四个停车位。混凝土的围墙减弱了来自街道的噪声对庭院的影响，私人生活区域则位于二、三层。光线和空气从私人区域和公共区域之间的空隙"洒入"住宅。二层的露台面向生活和用餐区，由顶层屋顶的宽阔挑檐遮蔽形成了位于卧室附近的一个私人露台。安藤说："在丰富的半户外空间，有层次感的日式廊台是住宅的中心。"二层露台前方一面种满绿植的墙壁尤为显眼。安藤式的坚硬而平滑的混凝土墙壁和木质地板在室内空间中有很强的存在感，简约的家具为这个空间增添了几分温暖。安藤在厨房和餐厅空间上方设计了一个低矮的混凝土天花板，同时为邻近的客厅加装了一个两层高的全玻璃开口——这种空间变化是其作品的典型特征——也为主要的室内空间和住宅本身赋予了生机与活力。这座房子的外部像堡垒一般坚实，而内部却大相径庭。变幻的自然光给室内空间增添多样性的元素，也使其富有生机，阴影空间也同样可被视为隔绝外部世界的庇护所。

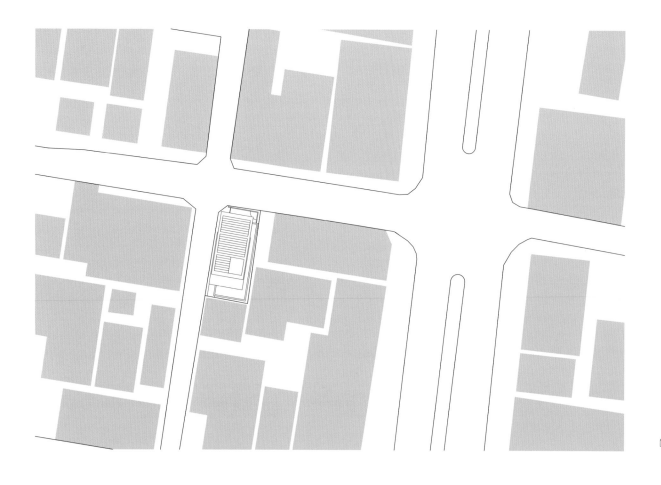

总平面图

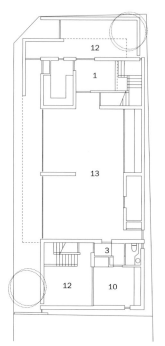

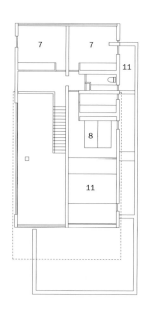

一层平面图　　　　　　　　二层平面图　　　　　　　　三层平面图

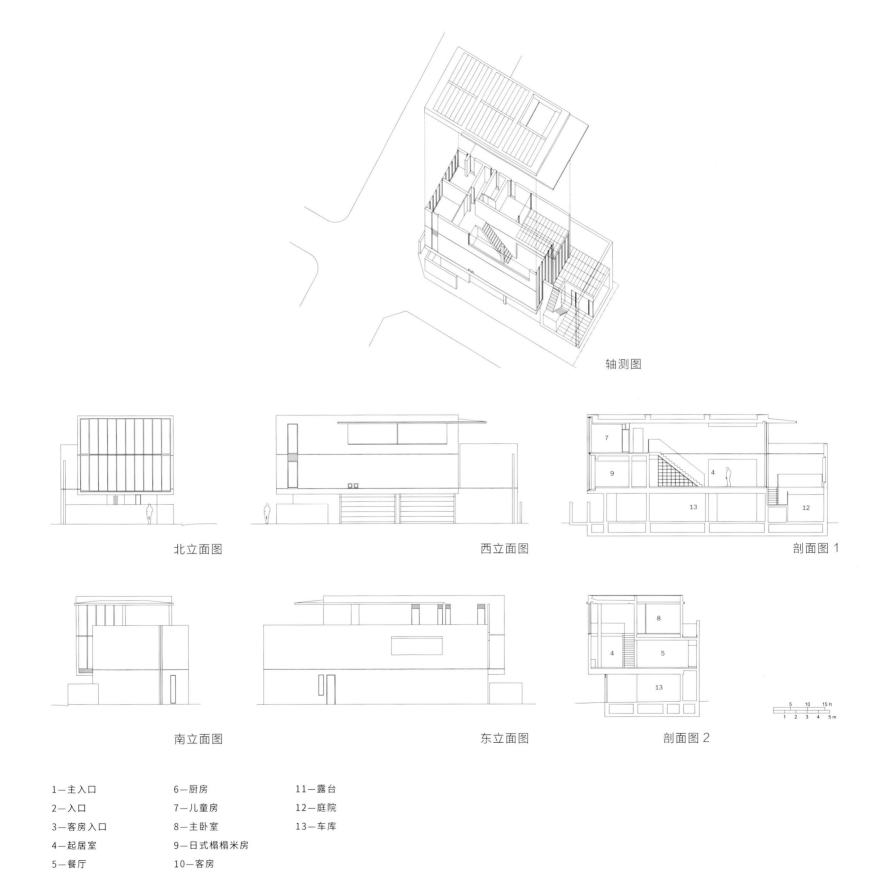

轴测图

北立面图

西立面图

剖面图 1

南立面图

东立面图

剖面图 2

1—主入口
2—入口
3—客房入口
4—起居室
5—餐厅

6—厨房
7—儿童房
8—主卧室
9—日式榻榻米房
10—客房

11—露台
12—庭院
13—车库

芦屋住宅

日本兵库县芦屋市，
2010—2013 年

芦屋市位于大阪和神户之间的丘陵地带，在日本是一座规模不大的城市，但这里有知名的高级住宅区。安藤忠雄在职业生涯早期，在这里为时装设计师小筱弘子设计了著名的住宅——小筱宅，小筱宅建筑面积 550 m²，坐落在一个占地 611 m² 的草坡上。安藤最近为芦屋市的一对有孩子的年轻夫妇设计的房子其选址就更为城市化，位于住宅街上的略微不规则的狭窄地块，占地 7.2 m×25 m，场地后部逐渐加宽到 8.5 m。安藤将这里的设计与场地尺寸相似的韧公园的住宅进行了对比。他表示，最初设想建造一座占满整个场地的房屋，主轴沿着长轴线方向展开，但当地的建筑法规不允许这样设计。安藤解决了这一问题：他想象"房屋中有一条通道，能够将前后场地和周围的景观连接起来——这一构想最终通过悬挂在二层的起居室与餐厅得以实现"。这个双层通高的主要空间是由玻璃砌筑的，可以看到附近相对密集的社区，因而这座房屋融入了城市，且由于安藤忠雄所设想的通道采用了底层架空的方式脱离了地面，业主的隐私也能得到很好的保护。建筑师标志性的混凝土的使用在这里也产生了实质性的效果，让这个房子成为既开放又坚固，又保障了内部私密性的住宅。充盈的阳光洒入房屋，在厚重的墙壁上留下阴影和几分凉意，那些预留在光滑的清水混凝土表面的玻璃和黑色的金属配件成为点缀庭院的趣味元素。在靠近入口的一侧种植了两棵树，一个停车位于前门附近，由于当地法规的要求，其他三面都做了退让。主卧室位于一层的后半部，楼梯和潮湿区域则被集中在西北侧。家具也是由建筑师精心挑选设计的，这意味着这座房屋由内而外都可以看到建筑师的设计手法——这切切实实是安藤忠雄的设计作品。安藤设计的房屋总是这样的：自然光在空间中被精心地纳入并可调节。东南墙体上的水平狭缝窗和天花板中央的一对天窗为房子的中心空间提供了光线。房子后面的露台作为"私人的辅助客厅，可以欣赏到绿植墙外的六甲山风光"。

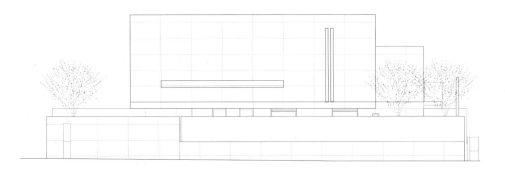

立面图 1

立面图 2

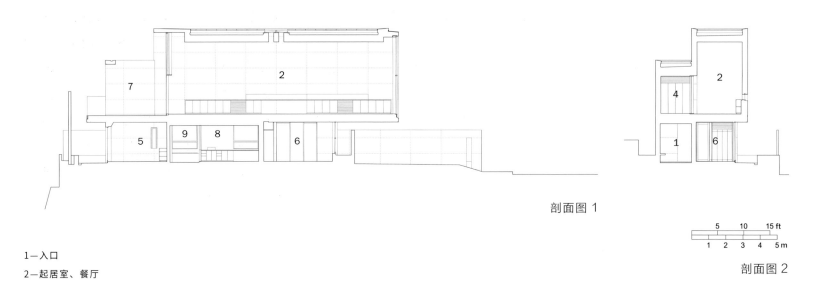

剖面图 1

剖面图 2

1—入口
2—起居室、餐厅
3—厨房
4—和室
5—主卧室
6—儿童房
7—露台
8—盥洗室
9—浴室

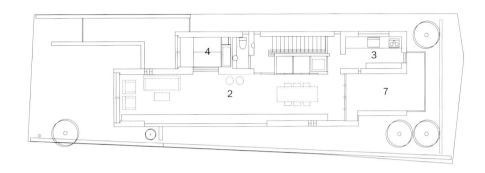

二层平面图

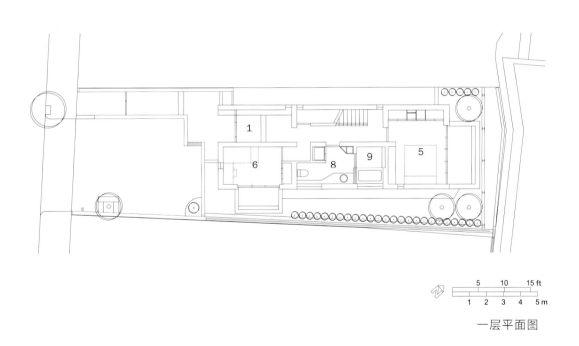

5   10   15 ft
1 2 3 4 5 m

一层平面图

墨西哥海岸艺术家寓所

墨西哥瓦哈卡州埃斯孔迪多港，
2011—2014 年

《无题》（2015 年），黏土，可变尺寸，
图片由博斯科·索迪工作室提供

《无题》（2015 年），上釉火山岩，
105 cm×60 cm×80 cm
Hilario Galguera 画廊（Galería Hilario
Galguera）Ag 展览公司展出，墨西哥城，
2015 年
图片由博斯科·索迪工作室提供

建筑群坐落于墨西哥城及阿卡普尔科东南部面朝太平洋的长 550 m 的海滨岸线上。这里的海岸以日落美景著称，这里以拥有世界上最宜冲浪的海浪而闻名。安藤忠雄受到此处位置环境的启发，在距离海岸线不到 152 m 的地方创造了一面长达 312 m 的混凝土墙，贯穿整个地带并与海岸线平行。安藤解释说，这面墙"在北侧的公共项目和南侧的私人项目之间形成了水平分隔。这面墙还形成了主要的循环路径，贯穿至每一个项目，成为双层内外墙"。在景观处理上，这个方案设计了一个不寻常的十字形布置——一个狭长的水池由中央别墅向海洋延伸，而长长的混凝土墙则沿着同一轴线向内陆留下了一条线。尽管建筑群使用了当地的材料，安藤在设计中仍然忠实于他对几何形式的强烈感觉。该寓所是应墨西哥艺术家博斯科·索迪的要求为他的卡萨瓦比基金会建造的。主别墅位于混凝土墙的中心位置，面积达 1495 m²，包括一个巨大的生活和用餐空间。在墙的东北侧还有一个相当大的画廊。在墙的西南端，有 6 座供客人使用的小别墅。尽管以安藤忠雄标志性的混凝土构建了这些房屋的墙壁，但是在低矮的灌木丛中它们看起来却像是茅草屋一般。墙的另一端是一个大型工作室。为了顺应当地的习俗，安藤创造了一种被称为帕拉帕斯（palapas）的木质屋顶，屋顶上覆盖着一层层干燥的王棕叶片。这种类型的屋顶有利于自然通风。安藤说："内部的垂直空间由两个要素构成：在视线上方，帕拉帕斯屋顶捕捉到了在地性的、传统的精神；而在视线下方，几何形混凝土墙、柱、石质地板和木质百叶窗则体现了现代性的本质。"事实上，除画廊区域外，该建筑群没有玻璃窗，也没有任何机械通风设备。在这个意义上，除墙壁和屋顶之外，室内和室外空间几乎没有区别。这种内与外的融合在墨西哥这样的温暖地区并不罕见，但由此产生的空间的模糊性却同时是日本建筑的常见要素。安藤表示："这是一个非常独特的项目，使用了各类不常见的材料，使我能够创造出无法出现在它处的建筑和空间。我热切地希望看到艺术家们的艺术作品能够通过这个项目中的空间发展成形。"虽然这个建筑群的狭长形状并非典型的寺庙建筑形制，但它确实吸纳了一些宗教的元素。事实上，刻在沙地上的十字架形状与地景和海岸线密切相关，但它同时是建筑师——当然也包括客户——对此地的更深层涵义的深刻依恋的标志。关于采用的茅草屋顶，安藤表明，他的混凝土建筑可以很好地植根于当地，尤其是直指建筑的本质。

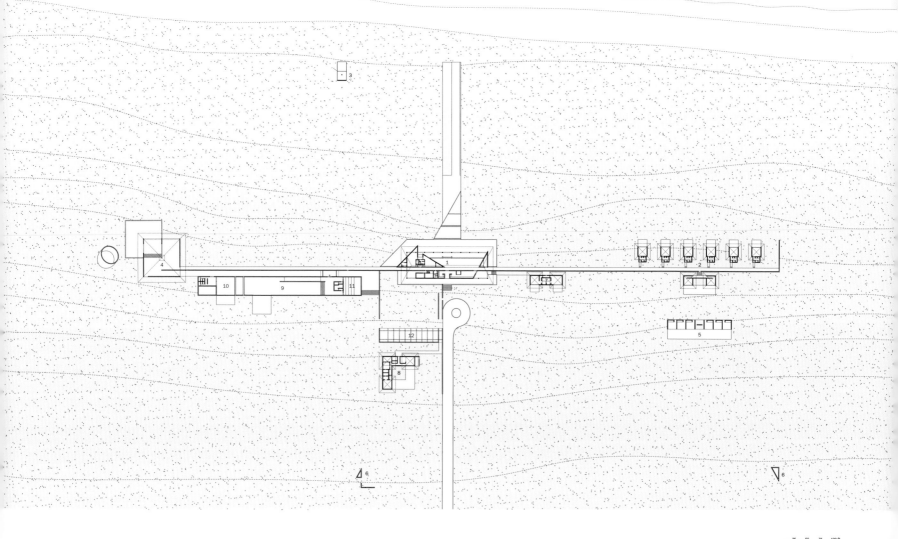

总平面图

1—主别墅
2—小别墅
3—海滩别墅
4—工作室
5—小型工作室
6—亭子

7—办公室
8—客房中心
9—画廊
10—多功能厅
11—放映室
12—停车位

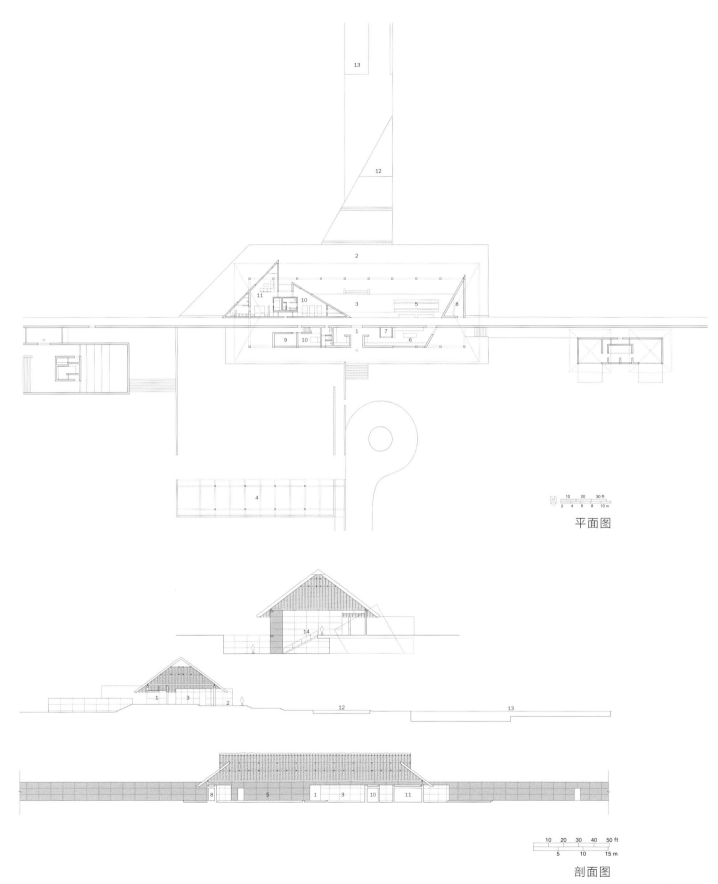

平面图

1—入口
2—露台
3—起居室
4—车库
5—餐厅
6—厨房
7—壁炉
8—储物间
9—影音室
10—卧室
11—主卧室
12—儿童泳池
13—游泳池
14—工作室

剖面图

元麻布住宅

日本东京都港区，
2013—2016 年

元麻布住宅因所处的东京都港区的密集住宅区而得名，房屋构筑在一块接近三角形的土地上。由于贴近周边的房屋，设计师精心构思了一个较为复杂的倒 L 形的平面布局。主入口和车库位于场地狭窄的街道一侧。从街道望去，最明显的特征是在通往车库的坡道上方的双层高的窗户。一道弯曲的混凝土围墙指向主入口的门，房主在通道中放置了维罗尼克·格里耶里(Véronique Guerrieri)的《兔子》(Lapin)雕塑。曾是商人的房主基本上是独居于此，他最近专注于收集现代家具和摄影图片。他也是安藤忠雄设计图纸的收藏者。房主将这里全权交托给了建筑师，并解释说是在准备入住时才初见这个已完工的房子的。随后他便使用自己收集的物品和作品来使这个空间更加个性化。威廉·克莱因(William Klein)于 1958 年为《时尚》(Vogue)杂志拍摄的著名照片《烟与纱，巴黎》(Smoke and Veil, Paris)的巨幅作品在住宅的入口处迎接着来访者。房主通过空间内展示作品的选择和摆置，来强化这些作品与整个建筑空间的和谐关系，其中许多作品是早期现代作品。收藏的家具中包括了让·普鲁维的设计作品：指南针桌(Compas Table)、1934 年为南锡大学(University of Nancy)设计的标准椅(Standard Chairs)和 1953 年设计的咖啡桌。房主的收藏还包括皮埃尔·让纳雷(Pierre Jeanneret)设计的长凳、椅子和沙发，塞尔吉·穆耶(Serge Mouille)于 1953 年设计制造的简易立灯(Simple Standing Lamp)。此外还有许多当代设计艺术作品，其中包括了安藤忠雄设计的椅子：有一把是安藤于 2013 年设计制作的"梦想之椅"(Dream Chair)，它是对丹麦设计师汉斯·韦格纳(Hans J. Wegner，1914—2007 年)的致敬之作；还有两把 510 椅(A-Chair 510)也被恰到好处地放置在房子里。宫岛达男(Tatsuo Miyajima)的装置艺术作品被悬挂在适合的墙壁上。除入口空间外，一层还包括一个狭窄而高大的画廊空间和一间客卧。厨房及用餐区位于画廊上方的二层，同时也是一个生活空间。主卧位于屋顶书房和两个露台的下方，这里可以欣赏到附近六本木塔楼的壮丽景色。尽管整栋住宅所占据的场地并不大，但其建设仍旧遵循了东京地区的采光法规(sunshine laws)相关要求，即新建筑通常不能遮挡周围建筑的采光。"尽管建筑的宽度有限"，安藤说，"我仍试图在每个房间内构造出空间深度。与核心墙相邻的双高空间增强了这种纵深感，并形成三维连续"。安藤利用空隙和具有代表性的、坚实的混凝土墙，创造出了黑暗和光明的交响乐——这是印刻着他典型风格的建筑，但这里又达到了更高的成熟度和复杂度——这很大程度上归因于所在场地的特性及种种要求的限制。从一个空间到另一个空间的移步易景也显示出安藤在这个不寻常的住宅项目中的完全掌控能力。

总平面图

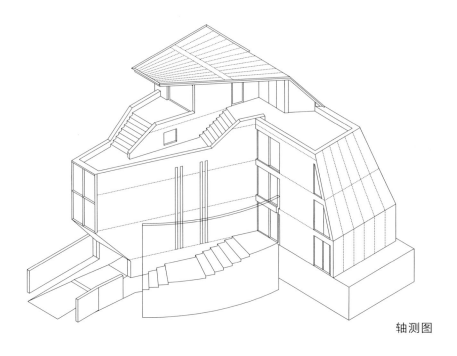

轴测图

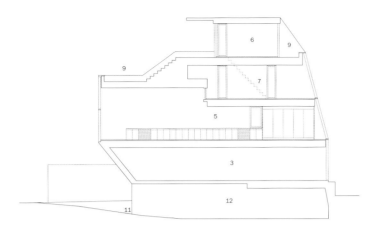

剖面图

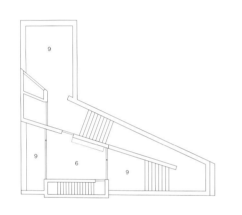

四层平面图

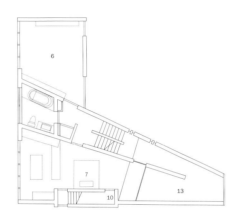

三层平面图

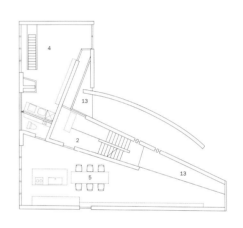

二层平面图

1—入口
2—入口大厅
3—画廊
4—起居室
5—客厅、餐厅
6—书房
7—主卧室
8—卧室
9—露台
10—储物间
11—斜坡
12—车库
13—挑空

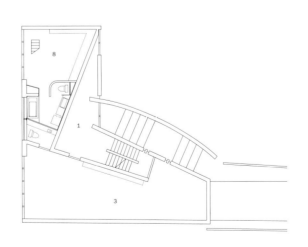

一层平面图

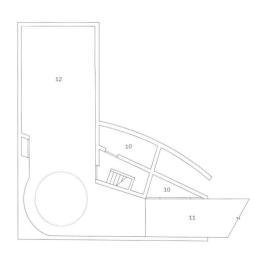

地下室平面图

大淀工作室Ⅱ，附属建筑延伸玻璃空间

日本大阪府大阪市，
2015—2016 年

安藤忠雄的设计事务所长年位于大阪市靠近市中心的大淀区，最初的工作室建于 1989—1991 年间，随后于 1994—1995 年间在其旁增建了一栋附属楼用来接待宾客。这个不规则形状的场地中有一个内部花园，其中的一棵樟树被 L 形混凝土附件部分包围。建筑师在东北角使用了与场地形状相适应的尖角墙，以容纳楼梯、基础设施和储物间。从地下室到二层的区域是生活空间，顶层有一间客房。挑空和露台使得每个空间向中央庭院延伸。安藤解释说："这个项目的设计概念是通过在空间上对室内及半室外空间进行分层，来创造一个开阔的三维住宅。"在初始的附属楼建成后的二十年里，那棵樟树挺拔生长并高过了楼体。为了最大程度地发挥顶层的作用，建筑师决定将客房改为办公人员的会议室。安藤表示："为了适应这一变化，原来的玻璃窗被移动并扩展为一个新的悬臂式休息空间。两根细长的斜杆被固定到原始结构上，用以支撑这个玻璃空间，这样的处理结果使得玻璃空间仿佛变成了一个被绿色植物包围的漂浮茶室，新宫晋（Susumu Shingu）的雕塑作品在繁茂的植物中随着微风摇摆，这进一步强化了这一延伸出的玻璃空间的反重力感。"由钢结构整体性加固的混凝土建筑高三层，另有一层地下室。外墙使用清水混凝土和玻璃，外部地面由水洗砾石铺就。内部的墙壁及天花板也都使用了清水混凝土，室内的地面铺满了橡木板。尽管工作室处于大阪市建筑密度较高的区域，而且靠近高架地铁线和繁华干道，但安藤的办公室却十分静谧。繁茂的樟树与宽阔的玻璃，让这间附属楼的玻璃空间变成了一个名副其实的树屋——尽管它是一个现代化的、坚实牢固的树屋——这十分契合安藤设计作品的精神内核。日本的城市空间一般都比较局促，在东京至大阪之间的方圆 397 km 的范围内更是拥挤不堪，这导致了日本人对于住宅大小以及自然景观的衡量标准与他国迥异。而在这里，阳光和绿树景观同安藤建筑中的其他典型元素相呼应。尽管这个建筑缺乏一些住宅中的常见元素，但安藤忠雄仍欣然表示这是他的"家"。

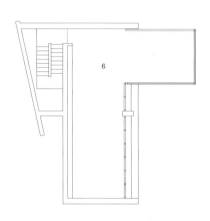

三层平面图

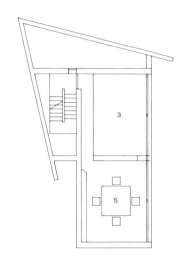

二层平面图

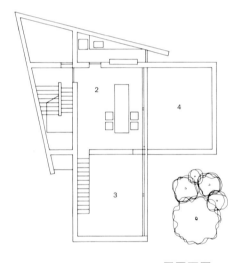

一层平面图

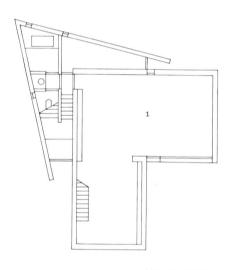

地下室平面图

1—工作室

2—起居室

3—挑空

4—露台

5—客房

6—会议厅

剖面图

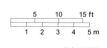

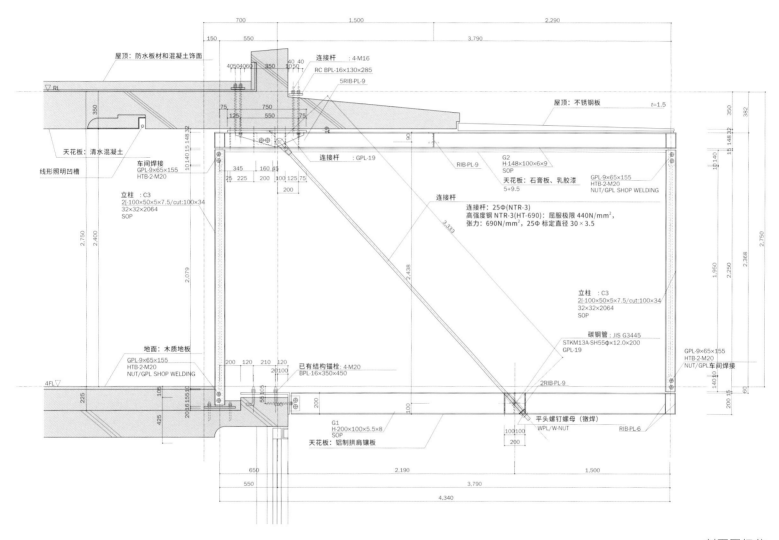

屋顶：防水板材和混凝土饰面
连接杆　　：4-M16
RC BPL-16×130×285
5RIB-PL-9

屋顶：不锈钢板　　　　t=1.5

天花板：清水混凝土
连接杆　　：GPL-19
RIB-PL-9
G2
H-148×100×6×9
SOP
天花板：石膏板、乳胶漆
5+9.5

线形照明凹槽
车间焊接
GPL-9×65×155
HTB-2-M20

GPL-9×65×155
HTB-2-M20
NUT/GPL SHOP WELDING

立柱　：C3
2[-100×50×5×7.5/cut:100×34
32×32×2064
SOP

连接杆　　：GPL-19

连接杆：25Φ(NTR-3)
高强度钢 NTR-3(HT-690)：屈服极限 440N/mm²，
张力：690N/mm²，25Φ 标定直径 30×3.5

立柱　　：C3
2[-100×50×5×7.5/cut:100×34
32×32×2064
SOP

碳钢管：JIS G3445
STKM13A-SH55Φ×12.0×200
GPL-19

GPL-9×65×155
HTB-2-M20
NUT/GPL车间焊接

地面：木质地板
GPL-9×65×155
HTB-2-M20
NUT/GPL SHOP WELDING

已有结构锚栓：4-M20
BPL-16×350×450

2RIB-PL-9

平头螺钉螺母（镦焊）
WPL/W-NUT
RIB-PL-6

G1
H-200×100×5.5×8
SOP
天花板：铝制拱肩镶板

剖面图细节

179

六甲的集合住宅Ⅰ期、Ⅱ期、Ⅲ期

日本兵库县神户市，
1978—1999 年

六甲的集合住宅Ⅰ期（1978—1983 年）、Ⅱ期（1985—1993 年）、Ⅲ期（1992—1999 年）

六甲住宅区是安藤忠雄最重要的住宅项目之一，该项目地处神户地区，项目分三期建设完成。位于六甲山脚下的坡地可以眺望从大阪湾到神户港的全景——六甲的集合住宅Ⅰ期充分利用了这些场地条件。安藤说："我们提出了一个沿着地形坡度的走势进行分阶的空间结构，运用埋入式混凝土梁柱结构来建构。整个建筑布置柱网尺寸为 5.8 m×4.8 m 的标准网格，取单元对称构筑。"构成上通过对这种对称的布局进行调整来适应自然地形的变化，由此在每个侧翼周围深深的阴影空隙中产生了连续的边缘空间，这些空间成为通向 20 个分阶单元中每个部分的直接通道。

1985 年，在六甲的集合住宅Ⅰ期建成之后，Ⅱ期工程在毗邻的斜坡上开始动工。同Ⅰ期工程一样，Ⅱ期工程也修建于一个 60° 的斜坡上，但这块场地可以容纳 50 户，比Ⅰ期的场地大了近 3 倍，总建筑面积更是大了 4 倍。建筑整体为框架结构，由 5.2 m×5.2 m 的标准柱网单元构成。与Ⅰ期相同，将建筑框架埋入地下，由地势的变化在边缘处的轴线上产生丰富的空间组合。中央的楼梯间将每个侧翼分为东、西两个部分，边缘空间穿过建筑的空隙，使每个单元在朝向、大小和布局上都有所变化。

在 1995 年的阪神大地震之后，神户市的港口地区满目疮痍，此时的Ⅱ期工程已经竣工，因而六甲的集合住宅Ⅲ期工程的建设计划被赋予了震后复兴住宅的内涵。六甲的集合住宅Ⅲ期的构成大致上分为高层、中层和低层三部分。基本的布局沿用Ⅰ期和Ⅱ期的设计理念，根据地势的高差设计了不同的住宅布局，使每栋公寓在不同的场景中各自拥有截然不同的生活方式。这里沿着Ⅱ期项目的轴线铺设了一条阶梯状的南北交通路线，与东西向延伸的绿地相穿插。在建筑轴线的交叉处设置了一些主题广场空间，从而创造出一个整体性的三维公共空间。

六甲的集合住宅Ⅱ期，住宅整修（2016—2017年）

安藤忠雄对项目的持续关注，以及其不断发展的审美理念与践行性的反馈在六甲的集合住宅综合体中得到充分体现。2016年，建筑师应邀更新改造位于六甲的集合住宅Ⅱ期西端的一户住宅的四个单元。这里的每户住宅正前方都有露台。西部的单元设置了住宅的卧室和浴室作为私人区域，东部则作为公共区域，开放的起居室和餐厅是其中心，以L形围起露台。拱形天花板和弧形墙用来在单元之间创造出连续感。安藤忠雄表示："六甲的集合住宅Ⅱ期于1993年竣工，自那时至今的二十多年里几经维护，建筑不但没有什么改变，反而更深入地融入了周边的自然环境之中。作为一名设计师，我十分荣幸地伴随了这片建筑群的'成长'。"

六甲的集合住宅 I 期（1978—1983 年）

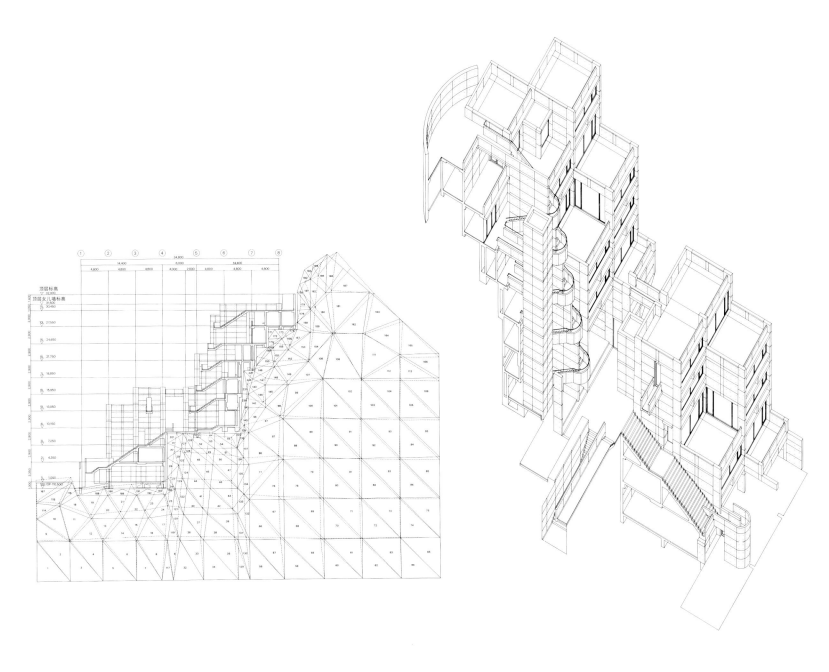

地质应力图

轴测图

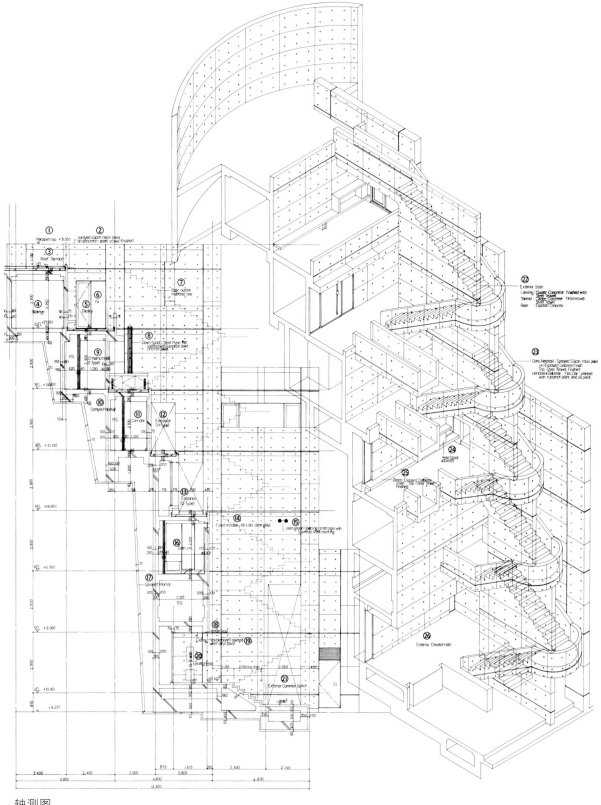

轴测图

① 女儿墙顶端

② 喷硅树脂钢镘混凝土饰面

③ 屋顶露台

④ 储物间

⑤ 阳台通道

⑥ 过梁

⑦ 虚线为楼梯轮廓线

⑧ 下水口：涂有防锈漆和油性漆的钢管

⑨ I 形入口大厅

⑩ 喷涂砂浆

⑪ 走廊

⑫ H 形入口

⑬ G 形入口

⑭ 固定窗：150×150 透明玻璃

⑮ 通风口：带有弧形钢套的钢管

⑯ 盥洗室

⑰ 喷涂砂浆

⑱ 止水带

⑲ 顶棚：乙烯基涂料的柔性板

⑳ 电梯间

㉑ 室外公共空间

㉒ 外部楼梯：

　　楼梯平台：煤渣混凝土，钢镘抹面

　　楼梯踏面：煤渣混凝土，钢镘抹面

　　楼梯踢面：清水混凝土

㉓ 扶手：喷硅树脂清水混凝土饰面

　　顶端：钢镘抹面

　　扶手和栏杆：扁条形钢，涂有防锈漆

　　和油性漆

㉔ 管道组 400×500

㉕ 装饰台：清水混凝土，表面钢镘处理饰面

㉖ 室外电梯间

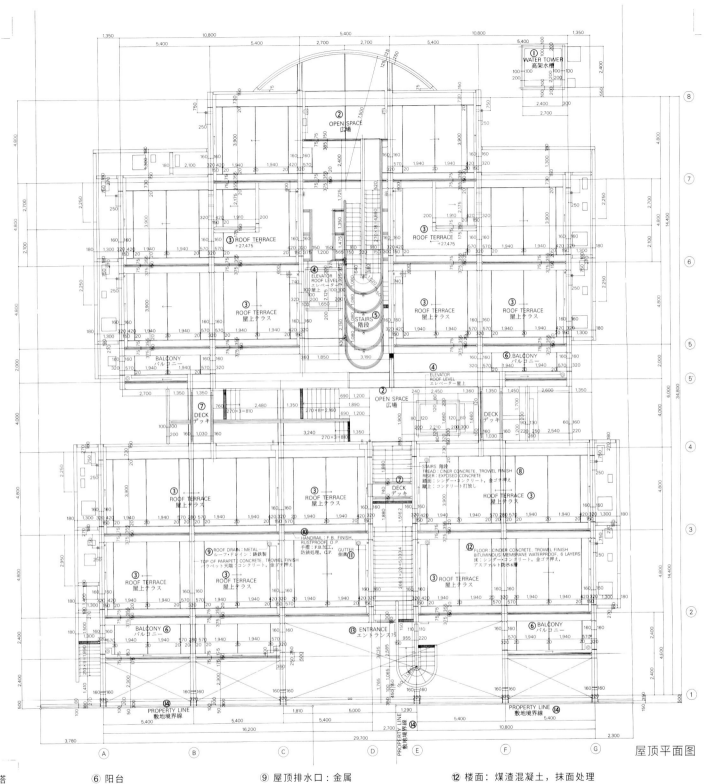

屋顶平面图

① 水塔

② 公共露台

③ 屋顶露台

④ 电梯间

⑤ 楼梯

⑥ 阳台

⑦ 木制平台

⑧ 楼梯

　楼梯踏面：煤渣混凝土

　楼梯踢面：清水混凝土

⑨ 屋顶排水口：金属

　栏杆顶部：混凝土，抹面处理

⑩ 扶手：带斜边的浸蚀饰面加工，

　防锈处理

⑪ 侧沟水槽

⑫ 楼面：煤渣混凝土，抹面处理

　6层防水沥青膜

⑬ 入口

⑭ 建筑红线

185

六甲的集合住宅Ⅱ期（1985—1993 年）

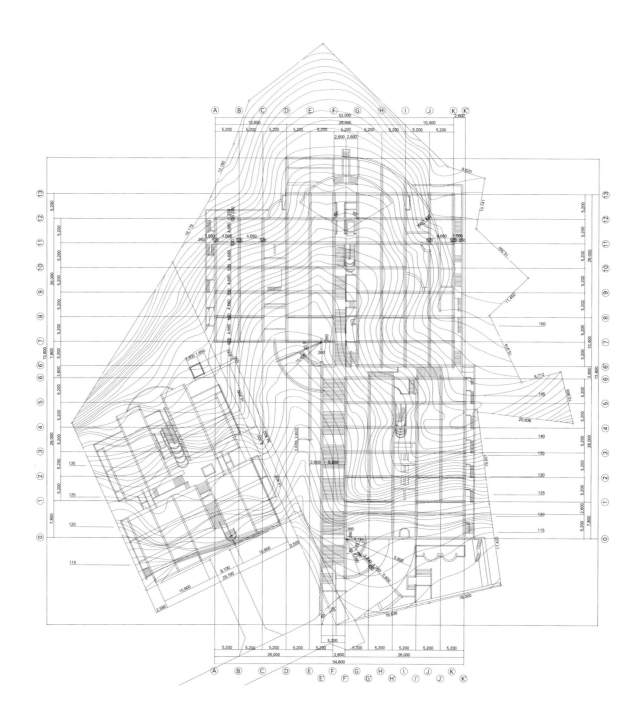

总平面图

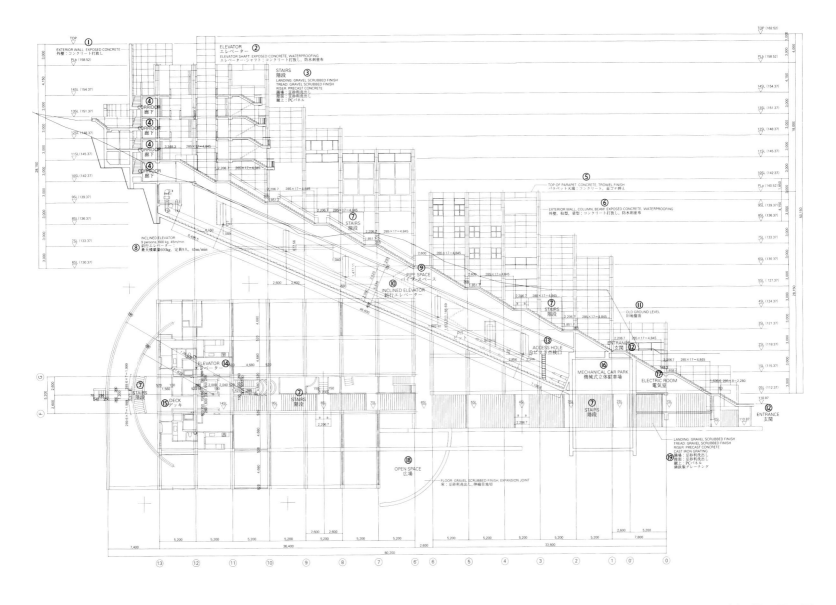

剖面图、平面图

① 外墙：清水混凝土

② 电梯

　电梯井：清水混凝土，防水处理

③ 楼梯

　楼梯台面：砾石磨砂饰面

　楼梯踏面：砾石磨砂饰面

　楼梯踢面：预制混凝土

④ 走廊

⑤ 栏杆顶部：混凝土，抹面处理

⑥ 外墙、柱子、梁：清水混凝土，防水处理

⑦ 楼梯

⑧ 倾斜式电梯

　设计参数：9 人，600kg，45m/min

⑨ 管道空间

⑩ 倾斜式电梯

⑪ 旧地面层

⑫ 入口

⑬ 检修孔

⑭ 电梯

⑮ 木制平台

⑯ 机械式立体停车场

⑰ 电气室

⑱ 开放空间

　地板：砾石磨砂处理，伸缩缝

⑲ 地面：砾石磨砂饰面

　踏面：砾石磨砂饰面

　踢面：预制混凝土

　铸铁格栅

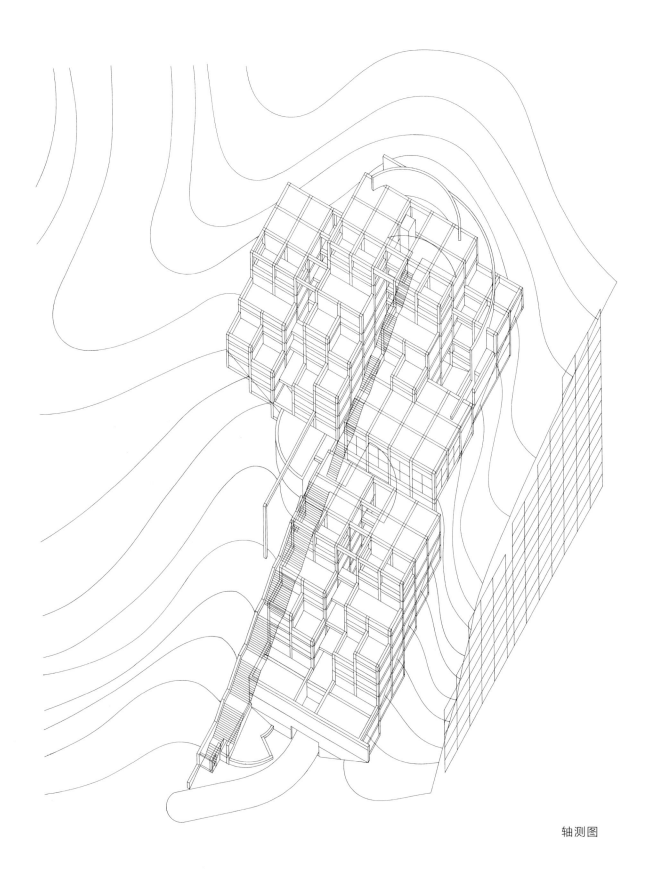

轴测图

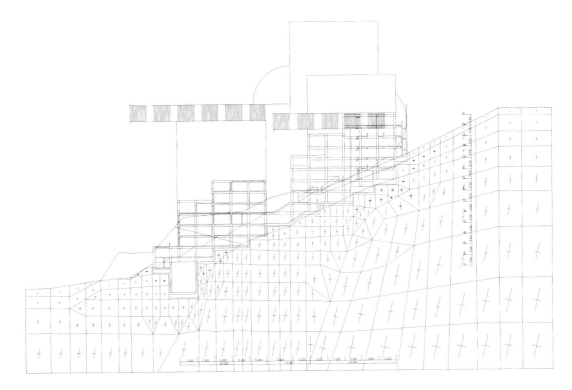

剖面图

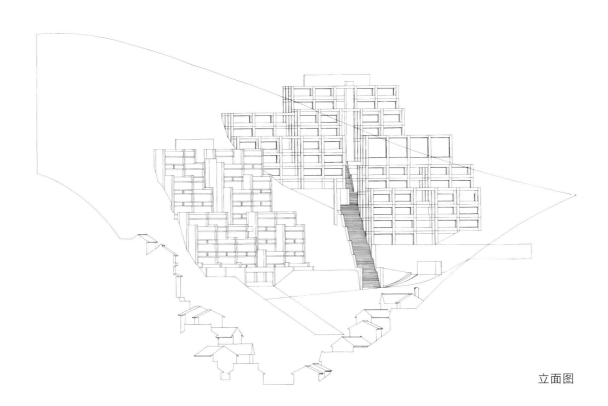

立面图

六甲的集合住宅 II 期，住宅整修（2016—2017 年）

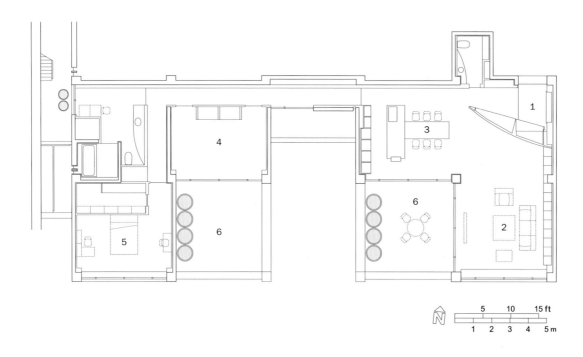

平面图

1. 入口处
2. 起居室
3. 餐厅
4. 儿童房
5. 卧室
6. 露台

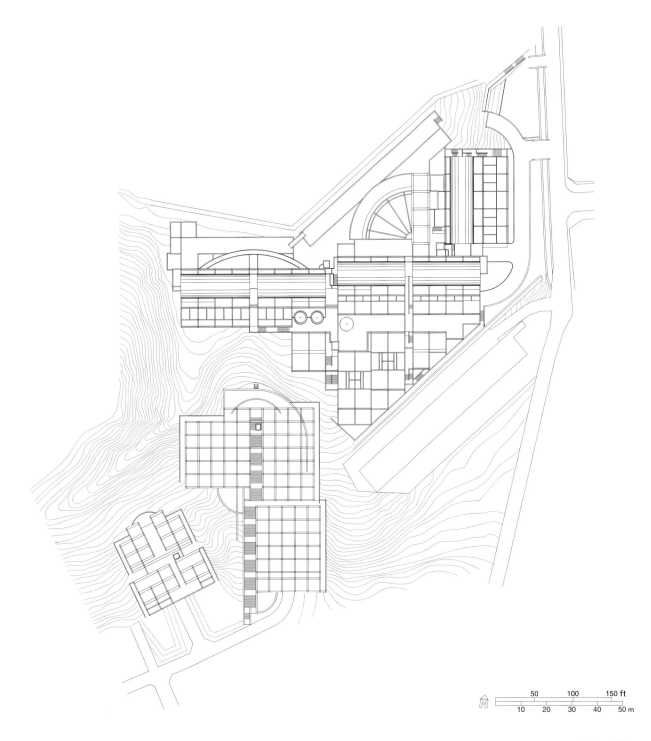

50   100   150 ft

10   20   30   40   50 m

总平面图

六甲的集合住宅Ⅲ期（1992—1999 年）

东剖面图

正轴测图

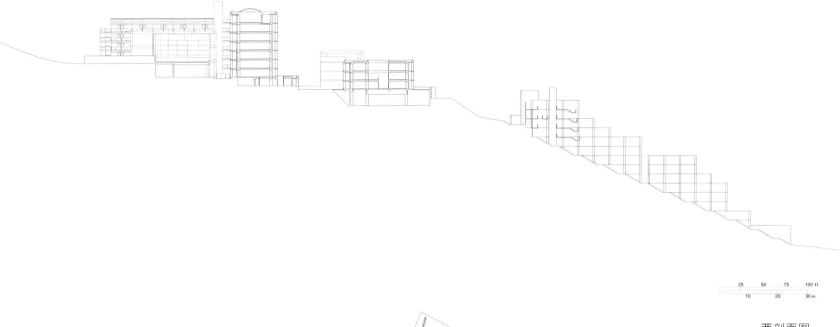

25	50	75	100 ft
10		20	30 m

西剖面图

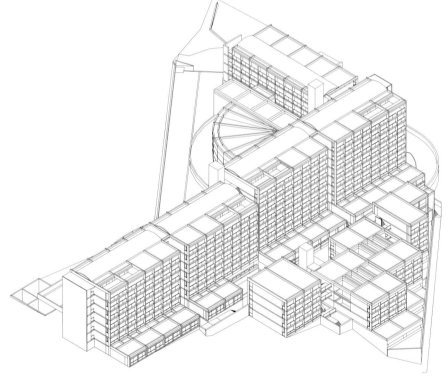

斜轴测图

曼哈顿顶层公寓Ⅲ

美国纽约州纽约市，
2013—2019 年

尽管安藤忠雄设计过很多公寓，但他最近的设计作品曼哈顿顶层公寓Ⅲ却与本书中所介绍的其他住宅迥异。这所住宅位于雷诺克斯山（Lenox Hill）地区一栋 12 层建筑的顶部，这栋楼由施瓦茨与格罗斯建筑公司（Schwartz & Gross）于 1913 年设计建造，并于 2011 年由汉德尔建筑事务所（Handel Architects）进行了翻新改造。而位于顶楼的公寓则应该归于安藤的设计作品，他将其称为"空中的宝盒"。由于建筑结构上的原因，建筑师无法在这个项目中使用他所钟爱的混凝土材料。这里有一种极度轻盈的氛围，而大量的自然光线及白色的墙壁与天花板进一步强化了这种轻盈感。业主是一位著名的当代艺术收藏经理人，他希望可以在这个空间里展示少而精的藏品。公寓的空间主要集中在一个平面上，但有一座优雅的盘旋梯通向屋顶上面的一个极其明亮的玻璃楼阁。在东 72 街和莱辛顿大街上空 40.5 m 处，在这栋建筑的顶端向南的 17 m 长的墙壁，是法国农学家兼艺术家帕特里克·布朗克（Patrick Blanc）的户外垂直花园所在。这个垂直花园部分被围入屋顶楼阁的后方，部分暴露在室外。这是这位法国人与安藤的初次合作，但他们的精神似乎在设计中完美地契合在一起。由塞茵那石铺装地面的露台提供了宽阔视野，可以纵览曼哈顿市中心的壮丽景色。该建筑位于纽约市地标保护委员会（New York City Landmarks Preservation Commission）所列的上东区历史街区内，在这个区域中的任何附加建筑都不能在半径为 183 m 的范围内的街道上被看到，这使得该项目变得十分复杂。然而，尽管从地面的个别位置还是能够看到安藤设计的隔板和扶手，委员会最终还是批准了这个项目。公寓的下层包括一个客厅、餐厅与画廊的区域，一个带有天窗的厨房，一个主卧室和一个带浴室的小卧室。地面采用丹麦迪内森公司（Dinesen）的实心橡木板铺装，业主在主要的生活空间中安置了一张由日本扁柏制成的巨型桌子，杉本博司等艺术家的作品被陈列在空间中，与建筑完美协调。这个项目的当地建筑师是冲俊宏（Toshihiro Oki），他在纽约的新博物馆项目中与萨那建筑事务所（SANAA）有过合作。谈及关于纽约的另一个构思，安藤解释道："该项目始于 1996 年，当时在曼哈顿宣布了一个顶层公寓的计划。该计划是在一栋于 20 世纪 20 年代建造的砖砌建筑的屋顶上增添一个外覆玻璃膜的混凝土盒子的楼顶房。在中间，一个类似箱子的体块将穿透现有的建筑。尽管还有些问题待推敲、协商解决，但这些新、旧计划仍以一种动态的方式在推进和共生。"

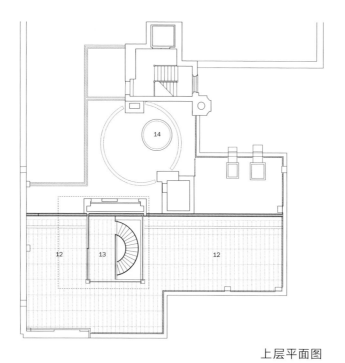

上层平面图

1—入口
2—起居室
3—餐厅
4—厨房
5—主卧室
6—客卧
7—书房
8—步入式衣柜
9—浴室
10—盥洗室
11—洗衣房
12—露台
13—阁楼
14—天窗
15—电梯

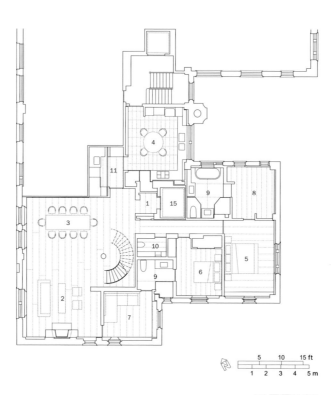

下层平面图

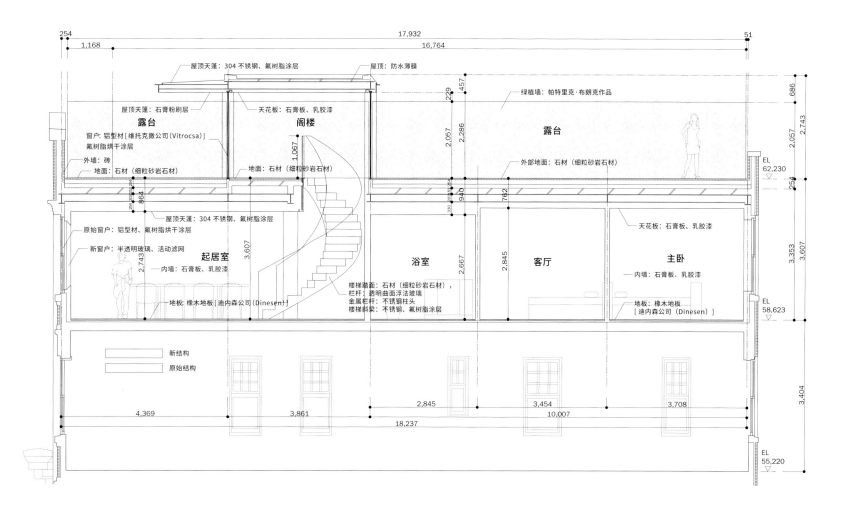

屋顶天蓬: 304 不锈钢、氟树脂涂层   屋顶: 防水薄膜

屋顶天蓬: 石膏粉刷层   天花板: 石膏板、乳胶漆   绿植墙: 帕特里克·布朗克作品

露台   **阁楼**   **露台**

窗户: 铝型材 [维托克撒公司 (Vitrocsa)]
氟树脂烘干涂层
外墙: 砖
地面: 石材 (细粒砂岩石材)   地面: 石材 (细粒砂岩石材)   外部地面: 石材 (细粒砂岩石材)

屋顶天蓬: 304 不锈钢、氟树脂涂层   天花板: 石膏板、乳胶漆

原始窗户: 铝型材、氟树脂烘干涂层
起居室   **浴室**   **客厅**   **主卧**

新窗户: 半透明玻璃、活动滤网
内墙: 石膏板、乳胶漆   楼梯踏面: 石材 (细粒砂岩石材),   内墙: 石膏板、乳胶漆
地板: 橡木地板 [迪内森公司 (Dinesen)]   栏杆: 透明曲面浮法玻璃   地板: 橡木地板
金属栏杆: 不锈钢柱头   [迪内森公司 (Dinesen)]
楼梯斜梁: 不锈钢、氟树脂涂层

新结构
原始结构

剖面细节图

韩屋客栈

韩国京畿道，
2011 年（未建成）

该项目是为一对韩国夫妇设计的客栈，位于首尔郊区的一个缓坡上。根据建筑师的说法，"这座建筑的设计方法是一种新的空间转换尝试，在现代建筑中重新诠释韩国的传统生活方式，同时融入了丰盈的自然环境"。一栋从另一个地方搬来的旧房子被安置在一个新的地基上，该地基被插入斜坡中，并有一个绿色的景观屋顶。韩屋是一种按照传统模式建造的韩国房屋，可以追溯至 14 世纪，这类房屋的安置通常需考虑其所处的自然环境以及季节更迭。理想情况下，这类房屋背靠大山，面向河流，而且在韩国南部往往呈相对开放的 L 形布局。而在该项目中，老房子和安藤忠雄设计的新元素之间形成了有意的对比。混凝土基础层可以从入口楼梯进入，室内庭院中的一道水帘将位于两层的生活空间相连接。卧室和其他私人空间位于南侧，为旅客提供了壮观的景色。外墙立面的开口参考了韩国传统的格子图案，正如安藤使用的混凝土与老屋木材之间的对比那样，这里的设计从整体上都在试图通过差异化的方式来强化传统形式。一如建筑师的诠释："这所房子与周围的自然环境融为一体——其混凝土形式越显露出人工雕琢的痕迹，对自然的烘托也就越凸显。"

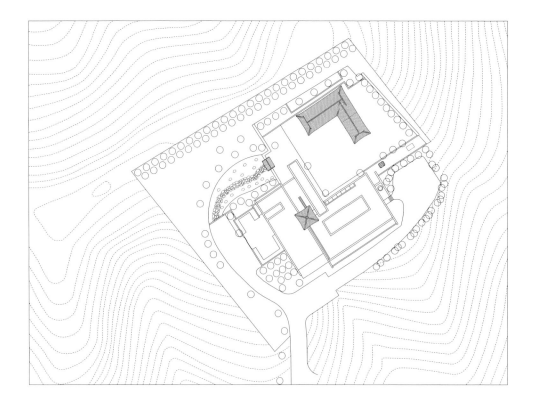

总平面图

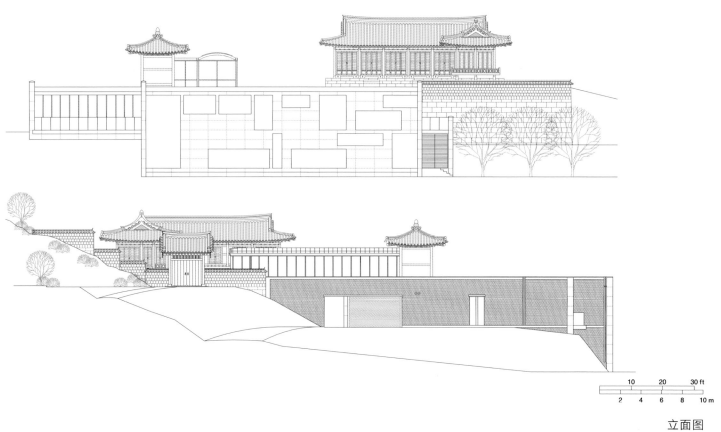

立面图

一层平面图

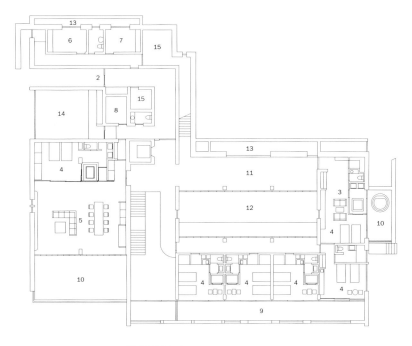

地下一层平面图

1—主入口

2—副入口

3—起居室

4—卧室

5—客餐厅

6—等候室

7—员工室

8—杂物间

9—阳台

10—露台

11—休息室

12—水帘庭院

13—通风井

14—车库

15—储藏室

16—设备间

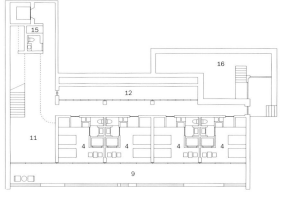

地下二层平面图

好莱坞山艺术住宅

美国加利福尼亚州洛杉矶市，
2014 年（未建成）

这座住宅兼艺术馆位于洛杉矶日落大道上方的好莱坞山社区的圣艾夫斯路(Saint Ives Drive)上。同这一区域的许多房子一样，这里可以看到城市和远处海洋的全景。当地的建筑法规规定，建筑距自然地平面的最大高度为 9 m。遵循此规定，三层的建筑修建于倾斜 30° 的山坡上，包括地上两层和地下一层。位于街道的入口处有两个停车位，并一路导向生活区和用餐区。建筑师说，这一层的外部有一个成锐角的露台和一个东西向的长方形无边泳池，可以由此眺望洛杉矶的"都市天际线"。一面由混凝土制成的不寻常的平面墙横跨泳池，向外延伸到房屋之外，穿过下部的天井，向下一直延伸到地面，垂直于主体结构。这面墙可能是这栋住宅最为明显的特征，也在某种意义上宣告了安藤忠雄的在场。顶层有一个巨大的木制露台、一间主卧室和一间浴室。尽管主卧室呈长方形，但其宽敞的室外露台也同下方的露台一样成对角。两间相同的卧室、一个艺术馆和一个剧场位于底层，此外还有一个被树木包围的矩形露台。南立面全部采用了落地窗，将城市景色尽收眼底。安藤解释说："开口上方设置了屋檐来缓和加利福尼亚炙烈的阳光对室内的照射，同时还可以沿着斜向的场地营造出一种'纵深的情绪表达'。"房子的外立面使用了混凝土和玻璃，室外地面由砂岩和木质铺面板铺就，而室内地面材料则采用砂岩和白橡木板，室内墙壁使用了清水混凝土、漆面石膏板和灰泥。博·世建筑事务所（BO.SHI）为该项目的执行建筑方。

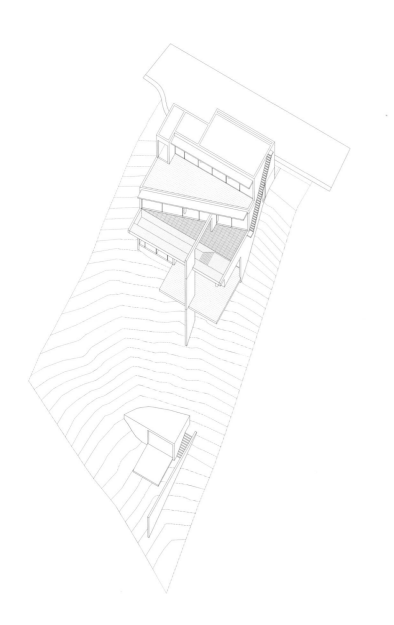

轴测图

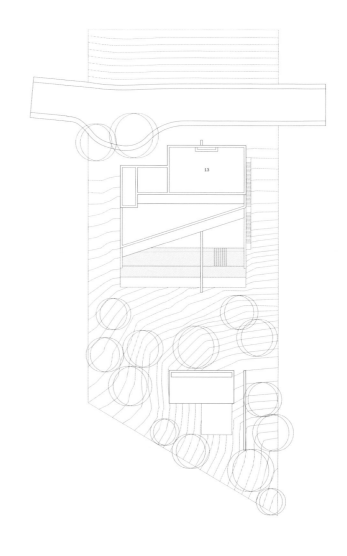

总平面图

地下一层平面图 　　　　　　　　　　一层平面图 　　　　　　　　二层平面图

1—入口	8—卧室	15—游泳池
2—起居室	9—保姆房	16—走廊
3—餐厅	10—浴室	17—洗衣房
4—厨房	11—衣帽间	18—车库
5—艺术馆	12—露台	19—储物室
6—小剧场	13—屋顶露台	20—凉亭
7—主卧室	14—下沉庭院	

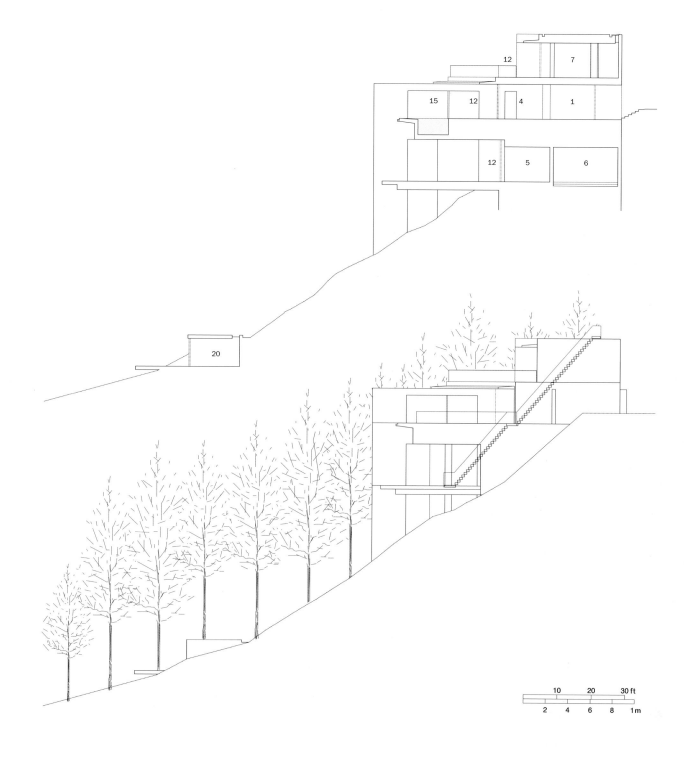

1—入口
2—起居室
3—餐厅
4—厨房
5—艺术馆
6—小剧场
7—主卧室
8—卧室
9—保姆房
10—浴室
11—衣帽间
12—露台
13—屋顶露台
14—下沉庭院
15—游泳池
16—走廊
17—洗衣房
18—车库
19—储物室
20—凉亭

剖面图、立面图

住宅项目时间线

小林宅

地点：日本大阪府大阪市

设计时间：1971 年

基地面积：198 m²

占地面积：101 m²

总建筑面积：218 m²

富岛宅

地点：日本大阪府大阪市

设计时间：1972 年

施工时间：1972—1973 年

基地面积：55.2 m²

占地面积：36.2 m²

总建筑面积：72.4 m²

平冈宅

地点：日本兵库县宝冢市

设计时间：1972—1973 年

施工时间：1973—1974 年

基地面积：238.0 m²

占地面积：58.0 m²

总建筑面积：87.9 m²

立见宅

地点：日本大阪府大阪市

设计时间：1972—1973 年

施工时间：1973—1974 年

基地面积：61.8 m²

占地面积：56.1 m²

总建筑面积：135.5 m²

高桥宅

地点：日本兵库县芦屋市

设计时间：1972 年

施工时间：1973 年；1975 年扩建

基地面积：158.5 m²

占地面积：70.6 m²

总建筑面积：154.6 m²

芝田宅

地点：日本兵库县芦屋市

设计时间：1972—1973 年

施工时间：1973—1974 年

基地面积：186.9 m²

总建筑面积：144.6 m²

内田屋

地点：日本京都府京都市

设计时间：1972—1973 年

施工时间：1973—1974 年

基地面积：3641.3 m²

占地面积：84.6 m²

总建筑面积：106.7 m²

加藤宅

地点：日本大阪府大阪市

设计时间：1972 年

基地面积：126 m²

占地面积：80.1 m²

总建筑面积：109.6 m²

宇野宅

地点：日本京都府京都市

设计时间：1973—1974 年

施工时间：1974 年

基地面积：84.5 m²

占地面积：42.0 m²

总建筑面积：63.7 m²

山口宅双生观

地点：日本兵库县宝冢市

设计时间：1974—1975 年

施工时间：1975 年

基地面积：523.6（255.4+268.2）m²

占地面积：97.5m²

总建筑面积：162.0（81.0+81.0）m²

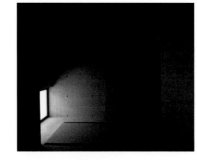

山口宅双生观增建茶室

地点：日本兵库县宝冢市

设计时间：1981—1982 年

施工时间：1982 年

基地面积：255.4 m²

占地面积：15.5 m²

总建筑面积：12.8 m²

松村宅

地点：日本兵库县神户市

设计时间：1974—1975 年

施工时间：1975 年

基地面积：491.1 m²

占地面积：81.0 m²

总建筑面积：145.6 m²

双墙

设计时间：1975 年

基地面积：85.1 m²

占地面积：70.6 m²

总建筑面积：107.2 m²

四轩长屋

地点：日本大阪府大阪市

设计时间：1975 年

基地面积：171 m²

占地面积：84 m²

总建筑面积：226 m²

住吉的长屋

地点：日本大阪府大阪市

设计时间：1975 年

施工时间：1975—1976 年

基地面积：57.3 m²

占地面积：33.7 m²

总建筑面积：64.7 m²

平林宅

地点：日本大阪府吹田市

设计时间：1975 年

施工时间：1975—1976 年

基地面积：394.4 m²

占地面积：143.3 m²

总建筑面积：211.7 m²

番匠宅

地点：日本爱知县三好市

设计时间：1975—1976 年

施工时间：1976 年

基地面积：168.3 m²

占地面积：62.5 m²

总建筑面积：85.7 m²

番匠宅扩建

地点：日本爱知县三好市

设计时间：1980 年

施工时间：1980—1981 年

基地面积：168.3 m²

占地面积：35.4 m²

扩建面积：28.2 m²

帝冢山塔楼广场

地点：日本大阪府大阪市

设计时间：1975—1976 年

施工时间：1976 年

基地面积：376.2 m²

占地面积：161.4 m²

总建筑面积：754.4 m²

帝冢山之家——真锅宅

地点：日本大阪府大阪市

设计时间：1976—1977 年

施工时间：1977 年

基地面积：273.3 m²

占地面积：108.8 m²

总建筑面积：147.3 m²

冈本集合住宅

地点：日本兵库县神户市

设计时间：1976 年

基地面积：1774.9 m²

占地面积：556.4 m²

总建筑面积：1404.7 m²

领壁之家——松本宅

地点：日本兵库县芦屋市

设计时间：1976—1977 年

施工时间：1977 年

基地面积：1082.1 m²

占地面积：128.4 m²

总建筑面积：237.7 m²

玻璃砖之家

地点：日本大阪府大阪市

设计时间：1977—1978 年

施工时间：1978 年

基地面积：157.4 m²

占地面积：92.0 m²

总建筑面积：221.5 m²

大楠宅

地点：日本东京都世田谷区

设计时间：1977 年

施工时间：1978 年

基地面积：531.1 m²

占地面积：194.2 m²

总建筑面积：288.4 m²

玻璃墙之家——堀内宅

地点：日本大阪府大阪市

设计时间：1977—1978 年

施工时间：1978—1979 年

基地面积：237.9 m²

占地面积：95.0 m²

总建筑面积：243.7 m²

片山宅

地点：日本兵库县西宫市

设计时间：1978 年

施工时间：1978—1979 年

基地面积：78.3 m²

占地面积：62.9 m²

总建筑面积：232.2 m²

松本宅

地点：日本和歌山县和歌山市

设计时间：1978—1979 年

施工时间：1979—1980 年

基地面积：952.1 m²

占地面积：317.4 m²

总建筑面积：484.1 m²

大西宅

地点：日本大阪府大阪市

设计时间：1978—1979 年

施工时间：1979 年

基地面积：165.2m²

占地面积：60.5 m²

总建筑面积：144.3 m²

松谷宅

地点：日本京都府京都市

设计时间：1978—1979 年

施工时间：1978—1979 年

基地面积：143.1 m²

占地面积：56.6 m²

总建筑面积：91.9 m²

松谷宅（扩建）

地点：日本京都府京都市

设计时间：1989—1990 年

施工时间：1990 年

基地面积：143.1 m²

占地面积：16.4 m²

总建筑面积：16.4 m²

上田宅

地点：日本冈山县总社市

设计时间：1978—1979 年

施工时间：1979 年

基地面积：180.4 m²

占地面积：70.1 m²

总建筑面积：94.4 m²

上田宅（扩建）

地点：日本冈山县总社市

设计时间：1986—1987 年

施工时间：1987 年

基地面积：180.4 m²

占地面积：37.5 m²

总建筑面积：37.5 m²

福宅

地点：日本和歌山县和歌山市

设计时间：1978—1979 年

施工时间：1979—1980 年

基地面积：800.0 m²

占地面积：345.4 m²

总建筑面积：483.6 m²

六甲的集合住宅Ⅰ期

地点：日本兵库县神户市

设计时间：1978—1981 年

施工时间：1981—1983 年

基地面积：1852.0m²

占地面积：668.0 m²

总建筑面积：1779.0 m²

小筱宅

地点：日本兵库县芦屋市

设计时间：1979—1980 年

施工时间：1980—1981 年

基地面积：1141.0 m²

占地面积：224.0 m²

总建筑面积：241.6 m²

小筱宅（扩建）

地点：日本兵库县芦屋市

设计时间：1983 年

施工时间：1983—1984 年

基地面积：1141.0 m²

占地面积：52.7 m²

总建筑面积：52.7 m²

大淀工作室 I（I 期）
地点：日本大阪府大阪市
设计时间：1980 年
施工时间：1980 年
基地面积：55.2 m²
占地面积：36.2 m²
总建筑面积：97.4 m²

大淀工作室 I（II 期）
地点：日本大阪府大阪市
设计时间：1981 年
施工时间：1981 年
基地面积：114.8 m²
占地面积：76.1 m²
总建筑面积：206.5 m²

大淀工作室 I（III 期）
地点：日本大阪府大阪市
设计时间：1986 年
施工时间：1986 年
基地面积：114.8 m²
占地面积：76.1 m²
总建筑面积：225.3 m²

儿岛的共同住宅——佐藤宅
地点：日本冈山县仓敷市
设计时间：1980 年
施工时间：1981 年
基地面积：655.3 m²
占地面积：145.6 m²
总建筑面积：238.3 m²

石井宅
地点：日本静冈县浜松市
设计时间：1980—1981 年
施工时间：1981—1982 年
基地面积：371.2 m²
占地面积：154.1 m²
总建筑面积：235.3 m²

赤羽宅
地点：日本东京都世田谷区
设计时间：1981—1982 年
施工时间：1982 年
基地面积：240.8 m²
占地面积：61.1 m²
总建筑面积：119.0 m²

梅宫宅
地点：日本兵库县神户市
设计时间：1981—1982 年
施工时间：1982—1983 年
基地面积：681.7 m²
占地面积：68.0 m²
总建筑面积：119.9 m²

九条的排屋——井筒宅
地点：日本大阪府大阪市
设计时间：1981—1982 年
施工时间：1982 年
基地面积：71.2 m²
占地面积：46.0 m²
总建筑面积：114.5 m²

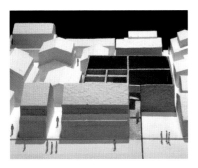

玩偶之家
设计时间：1982 年
占地面积：75.4 m²
总建筑面积：128.4 m²

植条宅
地点：日本大阪府吹田市
设计时间：1982—1983 年
施工时间：1983—1984 年
基地面积：330.6 m²
占地面积：105.6 m²
总建筑面积：272.1 m²

茂木宅
地点：日本兵库县神户市
设计时间：1982—1983 年
施工时间：1983 年
基地面积：32.1 m²
占地面积：25.0 m²
总建筑面积：94.7 m²

城户崎宅
地点：日本东京都世田谷区
设计时间：1982—1985 年
施工时间：1985—1986 年
基地面积：610.9 m²
占地面积：351.5 m²
总建筑面积：556.1 m²

金子宅
地点：日本东京都涩谷区
设计时间：1982—1983 年
施工时间：1983 年
基地面积：172.9 m²
占地面积：93.6 m²
总建筑面积：169.0 m²

岩佐宅
地点：日本兵库县芦屋市
设计时间：1982—1983 年
施工时间：1983—1984 年
基地面积：821.4 m²
占地面积：188.0 m²
总建筑面积：235.6 m²

岩佐宅（扩建）
地点：日本兵库县芦屋市
设计时间：1989—1990 年
施工时间：1990 年
基地面积：821.4 m²
占地面积：188.0 m²
总建筑面积：34.2 m²

南林宅
地点：日本奈良县生驹市
设计时间：1983—1984 年
施工时间：1984 年
基地面积：237.5 m²
占地面积：74.5 m²
总建筑面积：165.4 m²

中山宅
地点：日本奈良县奈良市
设计时间：1983—1984 年
施工时间：1984—1985 年
基地面积：263.3 m²
占地面积：69.1 m²
总建筑面积：103.7 m²

畑宅
地点：日本兵库县西宫市
设计时间：1983—1984 年
施工时间：1984 年
基地面积：441.5 m²
占地面积：118.7 m²
总建筑面积：207.2 m²

孙宅
地点：日本大阪府大阪市
设计时间：1984—1985 年
施工时间：1985—1986 年
基地面积：103.3 m²
占地面积：85.2 m²
总建筑面积：206.5 m²

佐佐木宅
地点：日本东京都港区
设计时间：1984—1985 年
施工时间：1985—1986 年
基地面积：382.1 m²
占地面积：227.1 m²
总建筑面积：373.1 m²

服部宅客房
地点：日本大阪府大阪市
设计时间：1984—1985 年
施工时间：1985 年
占地面积：32.3 m²
总建筑面积：68.3 m²

TS 大楼
地点：日本大阪府大阪市
设计时间：1984—1985 年
施工时间：1985—1986 年
基地面积：160.7 m²
占地面积：118.1 m²
总建筑面积：665.0 m²

大淀茶室（饰面板茶室）
地点：日本大阪府大阪市
设计时间：1985 年
施工时间：1985 年
总建筑面积：7.0 m²

大淀茶室（砖墙茶室）
地点：日本大阪府大阪市
设计时间：1985—1986 年
施工时间：1986 年
总建筑面积：4.4 m²

大淀茶室（帐篷茶室）
地点：日本大阪府大阪市
设计时间：1987—1988 年
施工时间：1988 年
总建筑面积：3.3 m²

野口宅
地点：日本大阪府大阪市
设计时间：1985 年
施工时间：1985—1986 年
基地面积：68.5 m²
占地面积：40.0 m²
总建筑面积：106.3 m²

田中山庄
地点：日本山梨县南都留郡
设计时间：1985—1986 年
施工时间：1986—1987 年
基地面积：693.6 m²
占地面积：71.9 m²
总建筑面积：100.5 m²

I 之家
地点：日本兵库县芦屋市
设计时间：1985—1986 年
施工时间：1986—1988 年
基地面积：987.0 m²
占地面积：263.0 m²
总建筑面积：907.9 m²

六甲的集合住宅 II 期
地点：日本兵库县神户市
设计时间：1985—1987 年
施工时间：1989—1993 年
基地面积：5998.1 m²
占地面积：2964.7 m²
总建筑面积：9043.6 m²

小仓宅
地点：日本爱知县名古屋市
设计时间：1986—1987 年
施工时间：1987—1988 年
基地面积：214.9 m²
占地面积：106.6 m²
总建筑面积：189.4 m²

神乐冈宅
地点：日本京都府京都市
设计时间：1986—1987 年
施工时间：1987—1988 年
基地面积：244.0 m²
占地面积：118.0 m²
总建筑面积：211.0 m²

吉田宅
地点：日本大阪府富田林市
设计时间：1986—1987 年
施工时间：1987—1988 年
基地面积：252.0 m²
占地面积：124.0 m²
总建筑面积：211.0 m²

伊东宅
地点：日本东京都世田谷区
设计时间：1988—1989 年
施工时间：1989—1990 年
基地面积：567.7 m²
占地面积：279.7 m²
总建筑面积：504.8 m²

I 画廊
地点：日本东京都世田谷区
设计时间：1988 年
基地面积：520 m²
占地面积：208 m²
总建筑面积：445 m²

石河宅
地点：日本大阪府高槻市
设计时间：1989—1990 年
施工时间：1990—1991 年
基地面积：179.3 m²
占地面积：107.0 m²
总建筑面积：239.8 m²

佐用集合住宅
地点：日本兵库县佐用町
设计时间：1989—1990 年
施工时间：1990—1991 年
基地面积：6989.0 m²
占地面积：1270.0 m²
总建筑面积：3854.2 m²

大淀工作室 II
地点：日本大阪府大阪市
设计时间：1989—1990 年
施工时间：1990—1991 年
基地面积：115.6 m²
占地面积：91.7 m²
总建筑面积：451.7 m²

宫下宅
地点：日本兵库县神户市
设计时间：1989—1990 年
施工时间：1991—1992 年
基地面积：332.0 m²
占地面积：148.7 m²
总建筑面积：250.9 m²

李宅
地点：日本千叶县船桥市
设计时间：1991—1992 年
施工时间：1992—1993 年
基地面积：484.1 m²
占地面积：174.8 m²
总建筑面积：264.8 m²

野田画廊
地点：日本兵库县神户市
设计时间：1991—1992 年
施工时间：1992—1993 年
基地面积：39.8 m²
占地面积：27.0 m²
总建筑面积：79.0 m²

芝加哥住宅
地点：美国伊利诺伊州芝加哥市
设计时间：1992—1994 年
施工时间：1993—1997 年
基地面积：1935.0 m²
占地面积：403.0 m²
总建筑面积：835.0 m²

六甲的集合住宅 III 期
地点：日本兵库县神户市
设计时间：1992—1997 年
施工时间：1997—1999 年
基地面积：11 717.2 m²
占地面积：6544.5 m²
总建筑面积：24221.5 m²

日本桥之家——金森宅
地点：日本大阪府大阪市
设计时间：1993—1994 年
施工时间：1994 年
基地面积：57.8 m²
占地面积：43.5 m²
总建筑面积：139.1 m²

大淀工作室 II 的附属建筑
地点：日本大阪府大阪市
设计时间：1994 年
施工时间：1994—1995 年
基地面积：182.8 m²
占地面积：104.3 m²
总建筑面积：247.4 m²

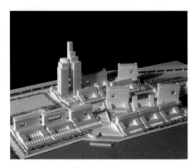

海滨住宅
地点：日本兵库县神户市
设计时间：1995 年

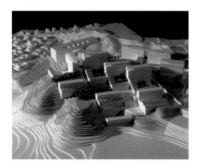

山顶住宅
地点：日本兵库县宝冢市
设计时间：1995 年

平野区的町屋——能见宅
地点：日本大阪府大阪市
设计时间：1995 年
施工时间：1996 年
基地面积：120.5 m²
占地面积：72.1 m²
总建筑面积：92.1 m²

稚芽画廊——泽田宅
地点：日本兵库县西宫市
设计时间：1995 年
施工时间：1996 年
基地面积：87.2 m²
占地面积：49.0 m²
总建筑面积：92.2 m²

八木宅

地点：日本兵库县西宫市

设计时间：1995—1996 年

施工时间：1996—1997 年

基地面积：1757.1 m²

占地面积：362.2 m²

总建筑面积：500.9 m²

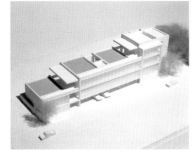

青木集合住宅

地点：日本兵库县神户市

设计时间：1995—1996 年

施工时间：1996—1997 年

基地面积：622.4 m²

占地面积：373.3 m²

总建筑面积：923.6 m²

表参道之丘

地点：日本东京都涩谷区

设计时间：1996—2003 年

施工时间：2003—2006 年

基地面积：6051.4 m²

占地面积：5030.8 m²

总建筑面积：34 061.7 m²

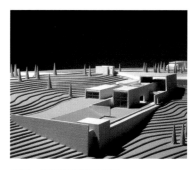

卡尔·拉格菲尔德工作室

地点：法国比亚里茨

设计时间：1996 年（未建成）

基地面积：1900 m²

总建筑面积：2300 m²

曼哈顿顶层公寓 I

地点：美国纽约州纽约市

设计时间：1996 年

总建筑面积：712 m²

无形之家

地点：意大利特雷维索

设计时间：1999—2001 年

施工时间：2002—2004 年

基地面积：30 600 m²

总建筑面积：1450 m²

4×4 住宅

地点：日本兵库县神户市

设计时间：2001—2002 年

施工时间：2002—2003 年

基地面积：65.4 m²

占地面积：22.6 m²

总建筑面积：117.8 m²

4×4 住宅（东京）

地点：日本东京都千代田区

设计时间：2001 年（未建成）

基地面积：23.0 m²

占地面积：18.1 m²

总建筑面积：63.2 m²

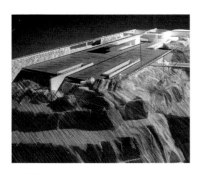

沙漠住宅

设计时间：2002 年（未建成）

基地面积：46 300 m²

汤姆·福特和理查德·巴克利的住宅和马厩

地点：美国新墨西哥州北加利斯托

设计时间：2002—2006 年

施工时间：2006—2008 年

基地面积：2280 m²

总建筑面积：2000 m²

仙川集合住宅 I 期

地点：日本东京都调布市

设计时间：2002—2003 年

施工时间：2003—2004 年

基地面积：2055.8 m²

占地面积：1569.0 m²

总建筑面积：4320.3 m²

高槻的住宅

地点：日本大阪府高槻市

设计时间：2003—2004 年

施工时间：2004—2005 年

基地面积：273.9 m²

占地面积：125.4 m²

总建筑面积：218.3 m²

仙川大道的附属建筑

地点：日本东京都调布市

设计时间：2003—2004 年

施工时间：2004 年

基地面积：162.2 m²

占地面积：96.9 m²

总建筑面积：212.4 m²

马里布住宅

地点：美国加利福尼亚州马里布市

设计时间：2003 年

施工时间：2003—2004 年

占地面积：20.5 m²

总建筑面积：411.9 m²

马里布住宅 I

地点：美国加利福尼亚州马里布市

设计时间：2003—2007 年

施工时间：2007—2015 年

基地面积：32 186 m²

总建筑面积：3234 m²

马里布住宅 II

地点：美国加利福尼亚州马里布市

设计时间：2003 年（未建成）

基地面积：3000 m²

总建筑面积：1100 m²

滋贺住宅

地点：日本滋贺县大津市

设计时间：2004—2005 年

施工时间：2005—2006 年

基地面积：598.5 m²

占地面积：225.5 m²

总建筑面积：312.5 m²

斯里兰卡住宅

地点：斯里兰卡瓦勒迦玛

设计时间：2004—2006 年

施工时间：2006—2008 年

基地面积：131 621 m²

占地面积：955 m²

总建筑面积：2577 m²

曼哈顿顶层公寓 II

地点：美国纽约州纽约市

设计时间：2004—2006 年

施工时间：2006—2008 年

基地面积：230 m²

占地面积：210 m²

总建筑面积：1050 m²

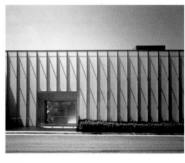

游庵

地点：日本东京都港区

设计时间：2004—2006 年

施工时间：2004—2005 年

基地面积：467.6 m²

占地面积：272.1 m²

总建筑面积：750.5 m²

小筱宅客房

地点：日本兵库县芦屋市

设计时间：2004—2005 年

施工时间：2005—2006 年

基地面积：1144.7 m²

占地面积：224.0m²（客房面积：125.4 m²）

总建筑面积：430.6m²（客房面积：250.8 m²）

金门大桥住宅

地点：美国加利福尼亚州旧金山

设计时间：2004 年（未建成）

占地面积：1200 m²

总建筑面积：1050 m²

仙川三角洲工作室

地点：日本东京都调布市

设计时间：2005—2006 年

施工时间：2006—2007 年

基地面积：312.9 m²

占地面积：164.1 m²

总建筑面积：383.1 m²

洄游式住宅

地点：日本大阪府大阪市

设计时间：2005 年（未建成）

基地面积：154.3 m²

占地面积：81.0 m²

总建筑面积：133.5 m²

仙川集合住宅Ⅱ期

地点：日本东京都调布市

设计时间：2006—2010 年

施工时间：2010—2012 年

基地面积：1942.6 m²

占地面积：1299.8 m²

总建筑面积：7745.1 m²

蒙特雷住宅

地点：墨西哥思莱昂州蒙特雷市

设计时间：2006—2008 年

施工时间：2008—2011 年

基地面积：10 824 m²

占地面积：1096 m²

总建筑面积：1519 m²

曼哈顿的裂缝之家

地点：美国纽约州纽约市

设计时间：2006 年（未建成）

总建筑面积：317 m²

达米安·赫斯特工作室

地点：墨西哥

设计时间：2006 年（未建成）

基地面积：46 300 m²

马里布住宅Ⅲ

地点：美国加利福尼亚州马里布市

设计时间：2006—2009 年

施工时间：2009—2012 年

基地面积：414 m²

占地面积：175 m²

总建筑面积：374 m²

韧公园的住宅

地点：日本大阪府大阪市

设计时间：2007—2009 年

施工时间：2009—2010 年

基地面积：142.6 m²

占地面积：89.4 m²

总建筑面积：186.1 m²

名古屋住宅

地点：日本爱知县名古屋市

设计时间：2008—2009 年

施工时间：2009—2010 年

基地面积：262.0 m²

占地面积：180.4 m²

总建筑面积：212.7 m²

石原宅

地点：日本滋贺县大津市

设计时间：2009 年

施工时间：2009—2010 年

基地面积：214.0 m²

占地面积：54.0 m²

总建筑面积：92.2 m²

北欧之家

地点：爱尔兰都柏林

设计时间：2009 年（未建成）

基地面积：8400 m²

占地面积：931 m²

总建筑面积：462 m²

高松住宅

地点：日本香川县高松市

设计时间：2010—2011 年

施工时间：2011—2012 年

基地面积：271.1 m²

占地面积：206.2 m²

总建筑面积：378 m²

芦屋住宅

地点：日本兵库县芦屋市

设计时间：2010—2012 年

施工时间：2012—2013 年

基地面积：331.2 m²

占地面积：129.6 m²

总建筑面积：325.0 m²

芦屋住宅Ⅱ

地点：日本兵库县芦屋市

设计时间：2010—2012 年

施工时间：2010—2013 年

基地面积：196.0 m²

占地面积：78.1 m²

总建筑面积：134.3 m²

墨西哥海岸艺术家寓所

地点：墨西哥瓦哈卡州埃斯孔迪多港

设计时间：2011 年

基地面积：222 000 m²

总建筑面积：3200 m²

韩屋住宅

地点：韩国京畿道

设计时间：2011 年（未建成）

基地面积：7780 m²

占地面积：1044.4 m²

总建筑面积：1337.3 m²

元麻布住宅

地点：日本东京都港区

设计时间：2013—2014 年

施工时间：2014—2016 年

基地面积：226.18 m²

占地面积：129.98 m²

总建筑面积：495.71 m²

曼哈顿顶层公寓Ⅲ

地点：美国纽约州纽约市

设计时间：2013—2019 年

施工时间：2014—2019 年

基地面积：775 m²

占地面积：6840 m²

总建筑面积：235 m²+182 m²（室外露台面积）

曼哈顿公寓

地点：美国纽约州纽约市

设计时间：2013—2018 年

施工时间：2013—2019 年

基地面积：415 m²

占地面积：392 m²

总建筑面积：2888 m²

好莱坞山艺术住宅

地点：美国加利福尼亚州洛杉矶市

设计时间：2014—2016 年

施工时间：2016 年（未建成）

基地面积：1035 m²

占地面积：362 m²

总建筑面积：474 m²

图片版权信息